GENERAL PHYSICS LABORATORY EXPERIMENTS

제4판

일반물리학실험

한양대학교 물리교재위원회 편

한양대학교 출판부

머 리 말

물리학은 우리가 우주에 대해 근원적으로 품고 있는 여러 의문에 답하기 위해 발전해왔다. 이렇게 발전해 온 현대 물리학은 우리가 살고 있는 세계에 대해 많은 새로운 깨달음을 가져다 주었다. 또한 물리학이 발견해낸 자연에 대한 지식들은 현대 과학기술의 기반을 이루고 있다. 반도체, 디스플레이로부터 광통신에 이르기까지, 현대 생활에서 물리학 지식은 널리, 또 유용하게 쓰이고 있다. 인류가 쌓아온 지식과 지혜의 보고로서 뿐만 아니라 실용적인 측면에서도, 물리학과 물리학적 지식은 현대 생활을 좀 더 잘 이해하고 영위하기 위해 우리에게 반드시 필요하다고 말할 수 있다.

일반물리학은 물리학의 방대한 분야에서 기본지식을 모아놓은 과목으로서, 이공계 학생이 전공을 공부하기 전에 기초소양으로서 반드시 알아야 할 매우 중요한 과목이다. 물리학을 공부함으로 해서, 우리는 자연을 합리적, 논리적으로 분석하는 훈련을 할 수 있게 된다. 이후의 전공 공부를 위해서 튼튼한 일반물리학 지식이 필요하다는 것은 아무리 강조해도 지나치지 않다.

이 책은 일반물리학을 위한 실험 교재로서, 일반물리학에서 실험을 통해 확인해 봐야할 중요한 내용을 중심으로 엮여져 있다. 물리학은 실험을 통해서 발전해 왔음으로, 실험으로 중요한 개념을 확인하는 것은 물리학의 본질에 접근하는 매우 중요한 과정이다. 이번 교재는 컴퓨터를 이용하여 실험 데이터를 얻고 분석하는 것을 강조하도록 편 찬 되었다. 이미 컴퓨터는 우리의 일상생활뿐만 아니라 연구에서도 필요불가결한 존재 로서 자리 잡고 있다. 일반물리학 실험에서도 컴퓨터를 이용하여 실험을 해보는 것은 학생들의 흥미를 고취시키고 측정의 정확성을 향상시키는데 큰 기여를 하리라 기대된다. 또한 컴퓨터를 이용하여 실험하는 것에 대해 학부과정의 초기부터 노출되는 것은 연구나 취업 등 학생들이 계획하는 미래를 위해서도 긍정적으로 작용할 것이다.

일반물리학실험을 통해 학생들이 일반물리학을 좀 더 친숙하게 느끼고, 필요한 실험적 기술을 습득할 수 있기를 바란다.

2019 년 8 월
편자 씀

차 례

■ 부록

오차론

1 서론

실험실에서는 어떤 물리량의 측정이 반드시 수행되고 이들 측정치들로부터 어떤 결론이 얻어지게 된다. 그러나 측정치들은 절대적으로 정확할 수 없으므로 측정치들의 오차를 검토함으로써 신뢰성 있는 결론을 얻는 것이 바람직스러울 때가 많다.

실험실에서 기체의 압력과 부피 사이의 관계에 대한 실험을 하고 이 결론으로부터 부피가 압력에 반비례한다는 법칙을 얻었다고 하자. 이 실험은 절대적으로 이 법칙이 정당하다는 것을 증명하는 것이 아니고, 실험의 정확성에 의해서 결정된 어떤 한계 내에서만 그 법칙이 옳다는 것을 증명해 줄 뿐이다. 이 법칙으로부터 약간의 이탈은 언제나 발견되는데, 이로 인해 이 법칙이 어느 정도 정확한 것인지를 반드시 지시해 주어야 하고, 또 이탈이 피할 수 없는 실험오차로부터 기인되는 것인지를 결정해 주어야 한다.

이 실험에서 결정적인 이탈이 발견되지 않을지라도 더욱 정밀한 장치에 의한 측정을 하여 보면 측정된 법칙은 진실에 가까운 근사치에 지나지 않는다는 것을 알 수 있다.

2 유효숫자

대부분의 실험에서는 오차를 상세히 검토할 필요가 없다. 기초적인 실험에서는 확실한 모든 숫자들과 의문시되는 숫자들 중 하나만 기록하여 측정의 정확성을 추정할 수 있도록 한다.

[표 1] 나무토막의 크기

측정 회수	길이, L	폭, W	두께, T
1	10.78 cm	8.21 cm	3.57 cm
2	10.80	8.22	3.52
3	10.75	8.20	3.58
4	10.73	8.21	3.53
5	10.78	8.22	3.55
평균치	10.77	8.212	3.55

표 1은 나무토막의 길이 L, 폭 W, 두께 T에 대한 각각 5 회의 측정치를 기록한 것이다. T의 첫번째 측정치는 3.57 cm 인데 처음 두 수는 확실한 것이지만 세번째 수 7 은 의문시된다. 그러나 7 은 의문시되지만 어떤 의미를 갖고 있다. 정확한 값이 5 와 9 사이에 존재한다고 생각하는 것이 합리적이므로, 측정치는 세 자리의 유효숫자를 갖고 있다. 소수점의 위치는 유효 숫자의 수 와는 관계가 없다. 3.57 cm 이든 35.7 mm 또는 0.0357 m 로 쓰든 모두가 3 개의 유효숫자를 갖는다. 소수점의 위치를 나타내는 용도로만 사용된 0 은 유효숫자가 아니다. 그러나 W 의세 번째 측정치 8.20 에서의 0 은 의문시되는 수이며 유효숫자이다. 이 0 을 생략하는 것은 그 앞의 수가 의문시됨을 못하기 때문에 이 0 을 생략해서는 안된다.

T의 각 측정치들은 모두 3 개의 유효숫자를 갖고 있으며, 이 측정치들의 세번째 유효숫자에는 상당한 편차가 있기 때문에 3 개의 유효숫자들은 평균치를 표시하는 데에만 쓰여져야 한다. 다시 말하면 평균치에서 두번째 5 는 의문시되고, 평균치는 3 개의 유효 숫자로 된다. 그러나 W 의 측정치들에서는 세번째 수의 편차들이 매우 적으므로, 평균치에서 세번째 수 1 은 거의 의문시되지 않는다고 할 수 있으므로 평균치는 4 개의 유효숫자를 갖는 것을 정당화 할 수 있다.

LWT 를 곱하면 313.9735020 cm^3 이지만 이 값이 정확하게 나무토막의 부피를 나타내는 것은 아니다. 이 값은 단순히 계산에 의해서 구해진 것이지 진실치로부터는 먼 값이다. 즉, 측정치들 중의 어느 하나가 갖는 1%의 오차는 결과에서 1%의 오차를 야기시킬 것이므로 그 부피는 측정치들 중의 가장 부정확한 값보다 더 정확한 정도로 결정될 수는 없다.

유효 숫자에 대한 엄격하고 신속한 계산 법칙을 만드는 것은 어려울지라도 일반적으로 곱셈과 나눗셈의 결과는 측정치들 중 가장 부정확한 측정치와 같은 수의 유효숫자를 가져야 한다고 말해도 된다. 어떤 경우에는 계산의 결과가 측정치들 중의 가장 부정확한 값보다 하나 더 많은 유효숫자를 가져야 한다. 예를 들면 위 식에서 계산의 결과는 측정치들 중에서 가장 부정확한 값을 갖는 측정치가 단지 두개의 유효숫자만을 가지고 있음에도 불구하고 계산결과는 3 개의 유효숫자를 가져야 한다. 식의 검토는 이 사실을 명백히 해줄 것이다. 이 원칙은 실험자의 판단에 의해 보충되어야 한다.

이상의 논의에 의하면 나무토막의 부피는 314 cm^3 로 기록되어야 한다. 결국에는 폐기할 필요가 있는 수들은 계산 과정에 계속 포함시키지 말아야 한다.

그러나 덧셈과 뺄셈의 경우는 전혀 다르다. 길이가 20℃에서 126.73 cm 인 어떤 금속 토막을 100℃로 가열할 때 길이의 증가가 0.2138 cm 이라면 이 토막의 새로운 길이는 126.73 cm +0.2138 cm=126.94 cm 이다. 0.2138 cm 의 3 과 8 이 더해져야 할 수들은 알려져 있지 않으므로(이들이 0 이라고 믿을만한 이유는 없다) 합은 소수점 이하 두 자리만 알려져 있다고 할 수 있다. 위의 예로부터 덧셈이나 뺄셈에서는 계산을 위해 수들을 자릿수에 맞춰 세로로 배열하였을 때 어떤 세로줄에 있는 수가 하나라도 신뢰성이 없을 경우에는 그 세로줄에 해당하는 답도 역시 신뢰할 수 없다고 할 수 있다.

3 오차의 분류

측정치가 이론 값보다 크게 측정될 때의 오차를 양의 오차, 작게 측정될 때의 오차를 음의 오차라고 한다. 오차는 일반적으로 계통 오차와 우연 오차로 분류될 수 있다. 계통 오차는 항상 같은 부호의 오차를 만든다. 우연 오차는 양의 오차와 음의 오차가 균등하게 존재할 수 있는 오차이다. 계통 오차는 기기 오차, 개인 오차 그리고 외적 오차로 세분된다. 기기 오차는 실험 기기의 결함이나 부정확성에 의해 생기는 오차이다. 개인 오차는 측정자의 어떤 특성이나 편견에 의해 발생하고, 외적 오차는 외적 조건인 바람, 온도, 습도, 진동 등에 의해 발생한다.

이들 여러 가지 종류의 오차들을 더욱 잘 이해하기 위해 한 가지 특수한 실험에서 발생되는 오차들을 공부해 보기로 하자. 이 실험에서 두 측정자들은 소리가 그들 사이를 진행하는데 걸리는 시간을 측정하기 위해 권총 한 자루와 1/20 초용 초시계를 사용한다. 첫째 측정자가 권총을 쏘고 둘째 측정자가 소리가 본인에게 도달하는데 걸리는 시간을 측정하기 위해 초시계를 사용 한다. 이 간단한 실험은 위에 열거한 모든 오차들의 예로 이용될 수 있다. 오차의 근원을 밝히고 이들 오차를 분석하면 각각의 오차를 이의 고유한 분류로 구분할 수 있다.

1) 계통 오차

① 기기 오차

초시계가 이 실험에서 측정에 사용되는 유일한 기기이므로, 모든 기기 오차는 이 시계의 결함으로부터 발생되는 것이어야 한다. 일정한 율로 가지 않는 초시계는 기기 오차를 발생시킨다. 시계가 빠르면 측정된 시간은 길게 된다. 초시계의 눈금도 또 다른 형태의 계통 오차를 발생시킨다.

시계를 작동하게 하거나, 정지하게 하는 데도 상당한 시간이 소요된다. 작동시키는 데 걸리는 시간의 지연이, 정지하게 하는 데 걸리는 시간의 지연과 같지 않으면 오차가 발생한다. 기기 오차를 감소시키기 위해서는 사용하는 기기를 정확한 표준 기기와 비교하여 측정에 부합되게 필요한 수정을 하여야 한다.

고도의 정확도가 필요한 경우 사용될 기기는 한국표준과학연구원으로 보내서 조정해야 한다.

② 개인 오차

측정자의 편견이나 실험자료를 취하는 측정자의 특수한 방법도 계통 오차를 발생하게 하는데, 이에는 여러 가지 경우가 있다. 이들 중 두 가지에 대해 고려해 보기로 하자. 측정자의 권총의 화염에 대한 반응과 음을 들은 후의 행동의 차이 때문에 측정자는 항상 실제보다 더 긴 시간을 측정하게 될 수 있다. 한편 측정자는 권총의 화염으로 경고를 받은 상태이므로 그 이후, 보다 경계상태에 있게 되어, 시계를 작동할 때보다 정지시킬 때 더욱 신속히 반응하게 된다는 것도 사실일 수 있다. 개인 오차는 여러 가지 조건하에서 측정하게 하고, 여러 측정자들이 독립적으로 측정하게 함으로써 최소화 시킬 수 있다.

③ 외적 오차

외적 오차는 측정자가 통제할 수 없는 조건들에 의해서 생긴다. 그러므로 외적 오차는 제거될 수는 없지만 반드시 수정되어야 한다. 위의 실험에서 바람에 의한 오차는 매우 심각하다. 이 오차를 작게 하기 위해서 측정자들은 다음 절차들 중 하나를 따라야 할 것이다. 즉 바람이 거의 없는 시간을 택하든가, 풍속을 재고 필요한 수정을 하든가 또는 결과들을 평균낼 때 상쇄되는 효과를 고려하여 측정자들의 위치를 서로 바꾸어 반복 측정하여야 한다.

2) 우연 오차

이 실험에서 소리가 두 사람 사이를 진행하는데 요하는 시간을 26 회 측정하였다. 이들 측정된 시간들이 표 2 의 II 에 기록되어 있다. 계통 오차는 같은 방법으로 각각의 측정에 영향을 주기 때문에 표에 있는 측정치의 변화들은 계통 오차에 의한 것이 아니다. 이들 각각의 오차들은 총 오차에 약간씩 기여하는 많은 요인에 의한 것이라고 생각할 수 있다. 이들 요인들은 알려져 있지 않은 변수들이므로 결과적인 오차는 우연적이다. 따라서 양과 음의 오차가 동등한 것으로 가정할 수 있다. 이러한 오차들은 우연오차라고 불리어진다. 우연 오차는 확률 법칙으로 발생하기 때문에 실험에서의 그 효과는 측정 횟수를 많이 함으로써 매우 작게 할 수 있다. 측정 횟수를 증가시키는 것이 왜 계통 오차에 영향을 주지 않는가는 앞의 설명으로 명백하다.

4 확률 오차

표 2의 II 열에서 측정된 시간 t의 오차는 우연으로 지배되므로 이들에 통계법칙을 적용하여 오차의 크기에 대한 어떤 확실한 결론에 도달할 수 있다.

[표 2] 두 점 사이를 소리가 진행하는 데 걸리는 시간 t의 측정과 이들 측정치의 편차 d.

I	II	III		Ⅳ
측정회수	t (s)	d (s)		d^2 (s^2)
		음의 편차	양의 편차	
1	1.50	.040		.0016
2	1.65		.110	121
3	1.45	.090		81
4	1.50	.040		16
5	1.30	.240		576
6	1.40	.140		196
7	1.60		.060	36
8	1.65		.110	121
9	1.75		.210	441
10	1.55		.010	1
11	1.50	.040		16
12	1.60		.060	36
13	1.50	.040		16
14	1.45	.090		81
15	1.55		.010	1
16	1.40	.140		196
17	1.80		.260	676
18	1.45		.090	81
19	1.55		.010	1
20	1.65		.110	121
21	1.65		.110	121
22	1.50	.040		16
23	1.55		.010	1
24	1.45	.090		81
25	1.60		.060	36
26	1.50	.040		16
합계	40.05	1.120	1.130	.3101
평균치	1.540	.0865		

이들 통계 법칙은 유도하지 않지만 이 논의를 위한 타당한 법칙들을 간단히 기술하기로 한다.

그림 1 에는 수평축을 따라 측정된 시간들을 그렸고, 각각의 점은 1 회의 측정치를 나타낸다. 예를 들면 시간에 대한 26 회의 측정치들 중의 3 회의 값이 1.60 초이다. 측정치들은 어느 평균치 주위에 모이는 경향이 있다는 것이 이 그림으로부터 명백하다. 어느 값이 가장 정확한 값일까? 이 물음에 답하기 위해 통계적 방법이 쓰이고, 그 증명은 보다 어려울지라도 결론은 아주 간단하다. 가장 좋은 평균은 모든 t 의 합을 측정 횟수를 n 으로 나누어서 얻는 것이다. 이것은 실험하는 학생들에게 이미 알려진 평균을 내는 간단한 방법이고, 이렇게 얻어진 평균이 산술평균 (Arithmetic mean)이다. 다시 말하면 산술평균은 일련의 측정치들로부터 얻을 수 있는 가장 좋은 값을 대표한다. 앞에서 한 실험에서 산술평균은 1.540 초가 되고, 그림 1 에서 수직선으로 표시되어 있다. 측정치와 산술평균 사이의 차이를 편차 d 라고 하며, 표준편차는 실험의 정확성에 대한 어떤 표준이 된다. 명백하게 **평균편차**(average deviation, $a.d.$)는 편차들의 합을 측정 횟수로 나눈 값, 즉

$$a.d. = \sum d/na.d.= \sum d/n \tag{1}$$

이다. 산술평균에 대한 측정치의 편차들을 표 2 의 III 열에 기록했는데 여기서 음의 편차는 좌변의 열에, 양의 편차는 우변의 열에 기록하였다. 음의 편차와 양의 편차를 별도로 합한 값들이 거의 같다는 것을 알 수 있다. 이상적으로는 이들 두 값이 동일하여야 한다.

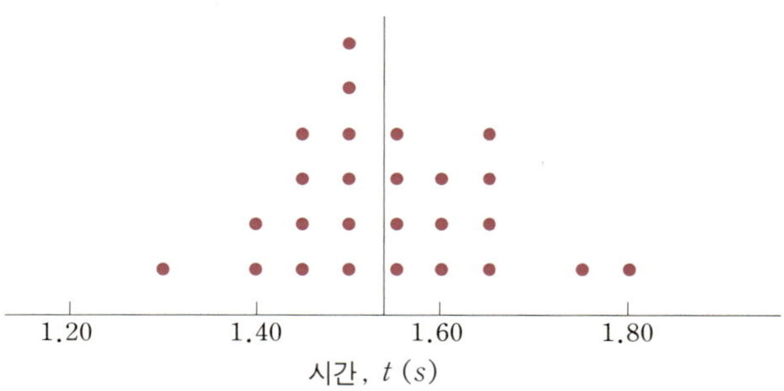

[그림 1] 측정치의 분포

편차의 분포와 의미를 명확히 하기 위해 측정치들을 그림 1 에 도시한 것과 동일한 방법으로 이들 편차들을 그림 2 에 1 그렸다. 각 점은 한 측정치의 편차를 나타낸다. 우선 측정치들을 수직선 a, b, c 등 여러 개의 집단으로 나눈다. 이 수직선들은 한 구역의 편차 폭이 모두 균

등하게 1/10 초가 되도록 그려져 있다. 그림에서 각 구역 내의 측정 횟수를 그 구역의 중앙점에 ×표로 나타내고, 이들 점을 연결하여 가장 완만한 곡선을 그린다. 따라서 이 곡선은 편차들의 크기와 편차들이 생기는 빈도 사이의 관계를 나타낸다. 이 관계로부터 다음의 일반적인 법칙들을 추리 할수 있다.

i) 양의 편차와 음의 편차가 생기는 확률은 동일하다.

ii) 큰 편차보다 작은 편차가 생기는 빈도가 더 크다.

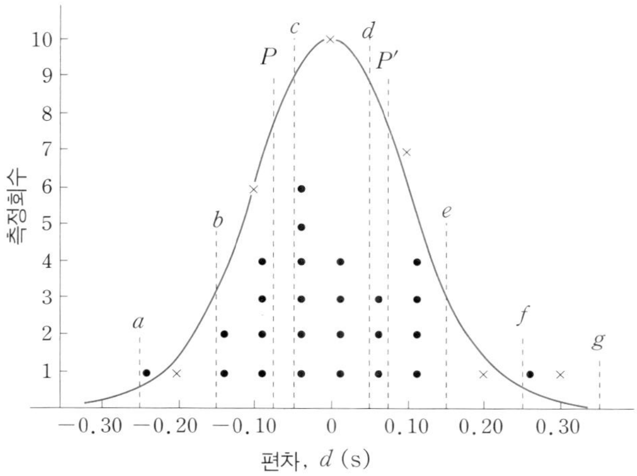

[그림 2] 이 오차곡선은 편차의 크기와 발생될 빈도 사이의 관계를 보여준다.

여기서는 생략하지만 **1 회 측정에 대한 확률오차**(probable error for single measurement, *p.e*)는

$$p.e. = 0.8453\frac{\sum|d|}{\sqrt{n(n-1)}} \tag{2}$$

로 주어짐을 이론적으로 유도할 수 있다. 위에서 $\sum|d|$ 는 편차들의 절대값의 합이고 n 은 측정 횟수이다. 이 식을 표 2 의 자료에 적용하면 다음과 같이 됨을 알 수 있다.

$$p.e. = \frac{0.8453 \times 2.25}{\sqrt{26 \times 25}} = 0.075 \tag{3}$$

이것은 측정치가 평균으로부터 0.075 초 벗어나는 것을 뜻하는 것이 아니다. 1 회 측정에 대한 오차는 0.075 초를 초과하지 않을 기회가 50 대 50 이거나, 측정을 여러 번 반복하면 측정

치의 반은 0.075 초보다 작은 오차를 가지게 될 것이라는 것을 뜻한다. 그림 2 에 수직선 P와 P' 을 d=−0.075 와 d=+0.075 에 그렸는데, 측정치의 반이 이들 두 한계 내에 있음을 알 수 있다. 아래와 같이 주어지는 **산술평균의 확률 오차**(probable error of average mean, *P.E.*)는 1 회 측정치의 확률 오차보다는 작음을 알 수 있다.

$$P.E. = 0.8453\frac{\sum|d|}{n\sqrt{(n-1)}} = 0.8453\frac{a.d.}{\sqrt{n-1}} \tag{4}$$

위의 실험에서 이 값은

$$P.E. = \frac{0.8453\times 2.25}{26\times 5} = 0.015 \tag{5}$$

이 되어서, 시간 t에 대한 26 회의 측정결과를 t=1.540−0.015 초라고 쓸 수도 있다. 이것은 정확한 값이 1.525 초와 1.555 초 사이임을 확신할 수 있다는 것이 아니고, 정확한 값이 이들 범위 내에 있을 기회가 절반임을 의미한다.

식 (2)와 식 (4)를 비교하면 n 회 측정치의 평균에 대한 확률 오차는 1 회 측정에 대한 확률 오차의 $1/\sqrt{n}$배, 즉 $P.E.=p.e./\sqrt{n}$임을 알 수 있다. 예를 들면 9 회의 측정에 의해서 얻어진 결과는 단 1 회만의 측정보다는 세 배의 신뢰성이 있고, 81 회의 측정은 9 회의 측정보다 세 배의 신뢰성이 있게 된다. 정확도는 측정 횟수의 제곱근에 따라 증가하는 것에 불과하므로 한 측정자가 매우 많은 회수의 측정으로 많은 시간을 보내는 것은 적당하지 않다. 대부분의 실험에서는 5 회 또는 10 회 정도의 측정이면 충분하다.

확률 오차는 편차의 제곱의 합 $\sum d^2$ 로 계산할 수도 있다. 편차의 제곱이 표 2 의 W 열에 주어 져 있다. 이 방법은 계산에 많은 시간이 소요되지만 앞에서 논의한 방법보다 다소 더 정확하다.

이 방법에 의한 확률 오차 식들과 위의 실험에 대한 계산의 결과는 아래와 같다.

$$p.e. = 0.6475\sqrt{\frac{\sum d^2}{n-1}} = 0.6745\sqrt{\frac{0.3101}{25}} = 0.074 \tag{6}$$

$$P.E. = 0.6475\sqrt{\frac{\sum d^2}{n(n-1)}} = 0.6475\frac{\sqrt{0.3101}}{26\times 25} = 0.015 \tag{7}$$

여기의 기호들은 식 (2)와식 (4)에서와 같은 뜻을 가진다.

이 방법은 앞에서 사용한 방법과 본질적으로 동일한 확률 오차를 나타내는 것으로 알려져 있다. 일련의 측정에 대한 가장 좋은 평균은 산술평균임을 앞에서 언급하였다. 또 가장 좋은 평균은 $\sum d^2$ 을 최소로 하는 값임을 증명될 수 있다. 이러한 이유로 오차의 연구에서 이러한 방법을 **최소자승법**이라고 부르고 있다.

5 백분율 오차

많은 경우 사람들은 백분율 오차에 많은 흥미를 갖는다. 앞에서 단 1 회만의 측정에 대한 확률오차는 0.075 초라는 것을 알았지만 때로는 오차를 측정된 값의 백분율로 나타내는 것이 바람직하다. 단 1 회만의 측정에 대한 확률백분율오차(percentage probable error for single measurement, *p.p.e.*)는 (0.075/1.540) ×100% 즉, 4.9%이다. 이 측정치는 평균치보다 4.9% 이상 편차를 갖지 않을 확률이 1/2 임을 뜻한다. 유사하게 평균치에 대한 **확률백분율오차**(percentage probable error of average mean, *P.P.E*)는 (0.015/1.540) ×100% 즉, 0.97%이다.

6 오차의 전파

지금까지의 논의는 같은 종류의 것, 즉 두 사람 사이를 음이 진행하는 데 걸리는 시간 t 를 측정하는 한 집단의 모든 측정에서의 오차를 연구하는 데 제한하였다. 이 실험에서 측정자들은 음속을 측정하는데 흥미를 갖고 있다면 두 사람 사이의 거리 s 를 측정하고, t 와 s 의 측정치로부터 음속 v 를 계산한다. t 와 s 의 오차는 v 에 어떤 영향을 미칠 것인가? 이 질문에 대해 다음의 두 가지 경우만을 살펴보기 한다.

1) 덧셈과 뺄셈

결과적 확률은 각 항들의 확률오차들의 자승의 합의 제곱근이다. 예를 들면

$$(12.15\pm0.03)+(8.63\pm0.04)-(6.15\pm0.05)=(14.63\pm0.07)$$

로 되는데, 그 이유는

$$\sqrt{0.03^2 + 0.04^2 + 0.05^2} = 0.07$$

이기 때문이다.

2) 곱셈과 나눗셈

곱셈과 나눗셈으로 어떤 결과를 구했을 때 다음 두 법칙의 적용으로 백분율오차가 결정된다.

i) 결과의 *P.P.E.*는 각 인수들의 *P.P.E.*의 자승의 합의 제곱근이다.

ii) 한 인수가 n승으로 되는 경우는 인수의 *P.P.E.*에 n을 곱한다.

예를 들면 어떤 원통의 밀도 D가 $D=M/\pi r^2 h$ 의 식으로부터 계산되고 M, r 및 h의 *P.P.E.* 들이 각각 2%, 3%, 5%라고 하자. 그러면 $\sqrt{2^2 + (3 \times 2)^2 + 5^2}$이므로 D의 *P.P.E.*는 8%가 된다. 이것으로부터 반지름 r에 대한 3%의 오차가 높이 h에서의 5%의 오차보다 결과에 더 큰 영향을 미침을 알 수 있다.

7 계통 오차가 존재할 때의 확률 오차

앞에서 우연 오차로 확률 오차만 논의되었다. 계통 오차는 항상 나타날 것이며, 어느 경우에는 그 결과의 신뢰도에 영향을 미칠 만큼 충분히 클 것이다. 가능한 계통 오차의 값은 별도의 실험으로 결정되거나 경험 있는 측정자에 의해 추정되기도 한다. 우연 오차에 의한 1 회 측정의 확률 오차를 r, 계통확률오차를 r_1, 두 원인에 의한 결과적 확률 오차를 r_0, 그리고 측정회수를 n 이라고 하면

$$r_0 = \sqrt{\frac{r^2}{n} + r_1} \qquad (8)$$

과 같이 된다. r과 r_1이 같은 단위로 표시될 수 없다면 확률 백분율오차가 사용되어야 한다.

식 (8)에서 n 이 크면 그 결과의 신뢰성을 결정하는 것이 바로 계통 오차라는 것을 알 수 있으나, 많은 실험에서 r_1은 작아서 보통 우연 오차만을 고려하면 된다.

실험 1

길이 및 곡률 반경 측정

1 실험 목적

버니어캘리퍼스와 마이크로미터, 구면계를 이용하여 물체의 길이 및 구의 지름, 원통의 내경 깊이, 곡률 반경 등을 측정하고, 구면계를 사용하여 구면경 및 렌즈의 곡률 반경을 측정한다.

2 이론 및 원리

A 버니어캘리퍼스

버니어캘리퍼스는 어미자(주척)의 n-1 눈금을 n 등분하여 만든 것으로 자의 눈금을 1/n 까지 또는 그 이상의 정밀도까지 읽을 수 있도록 고안된 장치이다. 아들자(부척)의 눈금이 10 개라면 어미자(주척)의 최소 눈금(1 mm)을 10 분의 1 등분한 것으로 아들자(부척) n 번째 눈금이 어미자의 눈금과 일치하고 있으면 어미자(주척)의 n/10 눈금만큼 이동하게 된다.

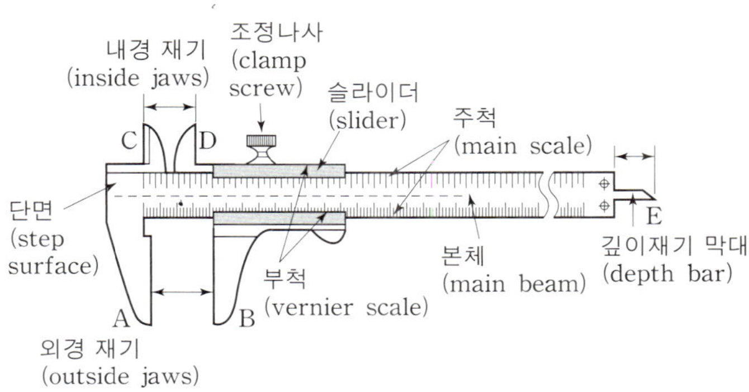

[그림 1-1] 버니어캘리퍼스의 명칭

1) 정밀도에 따른 버니어캘리퍼스의 종류

① 어미자(주척)의 최소 9 눈금을 아들자(부척)가 10 등분함

② 어미자(주척)의 19 눈금을 아들자(부척)가 20 등분함

③ 어미자(주척)의 49 눈금을 아들자(부척)가 50 등분함

2) 버니어캘리퍼스의 길이측정(그림 1-2 참조)

① 어미자의 19 눈금을 20 등분한 버니어캘리퍼스 : 0.05 mm 까지 측정 가능함.

② 물체의 길이를 측정 : 표가 가리킨 곳이 어미자(주척)와 아들자(부척)의 눈금이 일치.

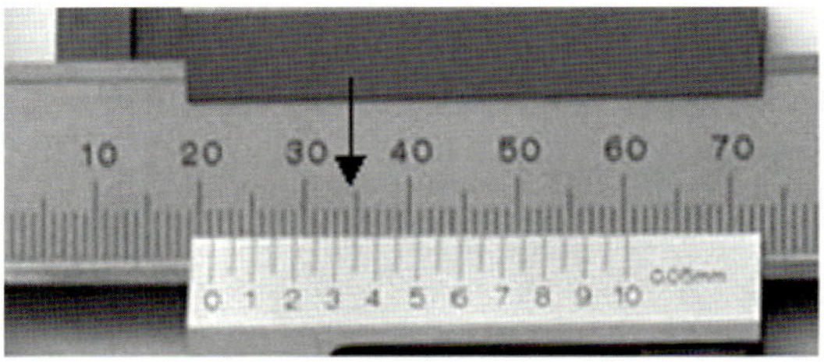

[그림 1-2] 눈금 읽는 방법

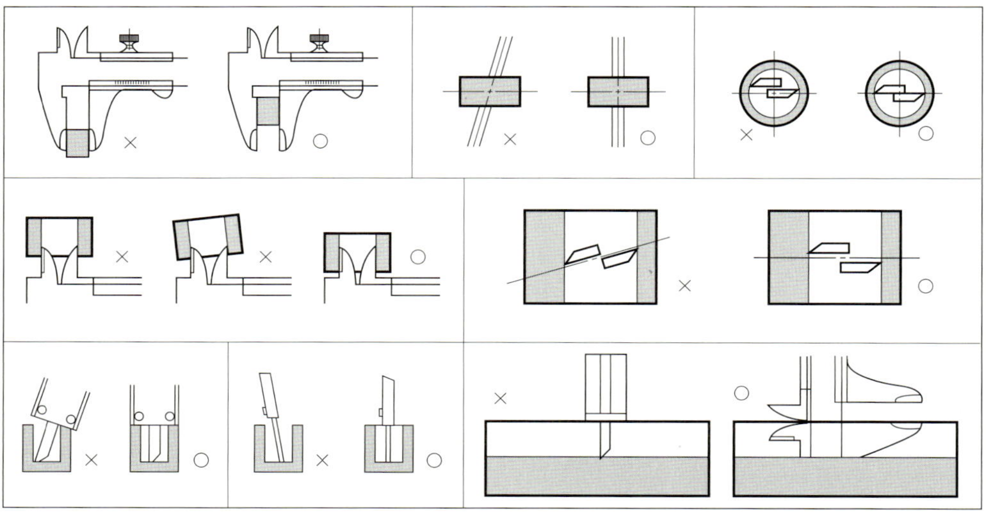

[그림 1-3] 측정의 바른 예

@ 측정값: 21 mm+(0.05 mm×7)=21.35 mm

B 마이크로미터

마이크로미터는 물체의 두께, 길이 등을 정밀하게 측정하는 기기로 1/100 mm 의 정밀도까지 측정할 수 있다. 어미자의 둘레를 회전하면서 아들자가 전진하는 형태로 어미자의 1 mm 를 아들자가 2 번 회전하는 것과 어미자의 1 mm 를 아들자가 1 번 회전하여 전진하는 두 종류가 있다.

1) 마이크로미터의 길이 측정(그림 1-6 참조)

① 어미자 0.5 mm 를 아들자가 50 등분한 마이크로미터 : 0.01 mm 까지 측정 가능함.

② 물체의 길이 측정값 : 2.50 mm+(0.01 mm×11)=2.61 mm

2) 영점 오차 및 보정

① A 와 C 사이에 틈이 없이 꼭 맞았을 때 눈금이 영점을 가리키지 않을 경우.

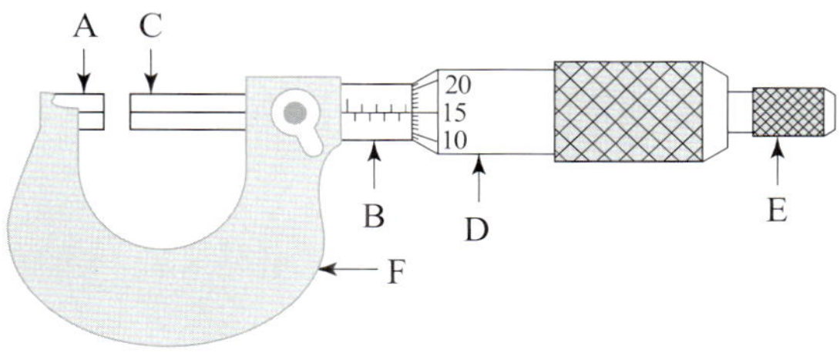

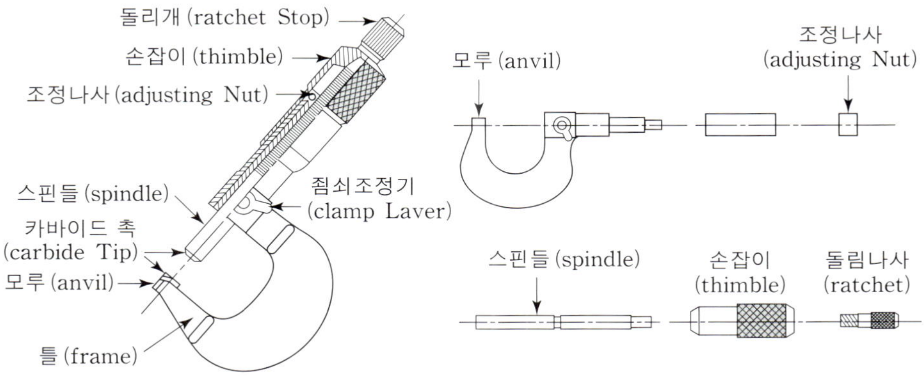

[그림 1-4] 마이크로미터의 명칭

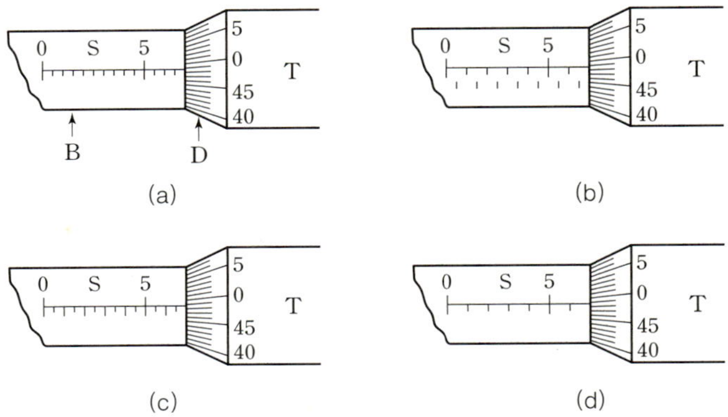

[그림 1-5] 마이크로미터의 눈금

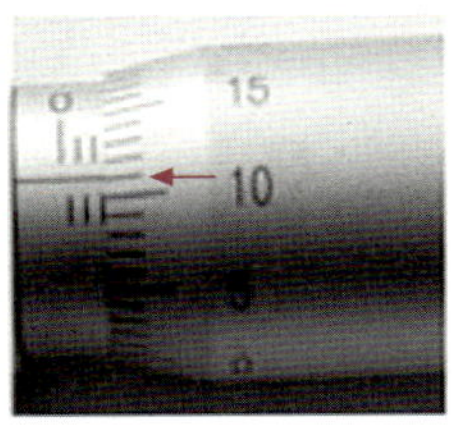

[그림 1-6] 눈금 읽는 방법

② 마이크로미터로 일은 모든 눈금으로부터 대수적으로 더하거나 빼야 함.

③ 한 번만 잰 눈금보다는 여러 번 잰 눈금들의 평균치로 계산함.

C 구면계

구면계는 물체의 곡률을 마이크로미터와 마찬가지로 1/100 mm 의 정밀도까지 측정할 수 있는 기기로 고정된 세 개의 다리가 정확히 수평을 유지하면 정삼각형의 모양이 만들어진다. 이 정삼각형의 세 꼭지점 중에서 위, 아래로 움직일 수 있는 중앙의 나사가 물체에 접촉하였을 때 곡률 반경을 구할 수 있다.

구면계의 곡률 반경 측정원리 (그림 1-8 참조)는 다음과 같다.

구면의 곡률 반경 R은 DE=h, EF=$2R-h$ 이고 △ADE 와 △FAE 는 닮은꼴이므로

$$r : h = 2R - h : r \tag{1-1}$$

이 된다. △AEH 에서 AE=r, EH=$\frac{r}{2}$, AH=$\frac{a}{2}$ 이므로

$$(\frac{a}{2})^2 + (\frac{r}{2})^2 = r^2 \tag{1-2}$$

$$r^2 = \frac{a^2}{3} \tag{1-3}$$

이것을 식 (1-1)에 대입하면

$$\frac{a^2}{3} = 2hR - h^2 \tag{1-4}$$

$$R = \frac{a^2}{6h} + \frac{h}{2} \tag{1-5}$$

a에 비해 h가 매우 크면($a \gg h$)

$$R \cong \frac{a^2}{6h} \tag{1-6}$$

즉, R은 a와 h를 측정함으로써 곡률 반경을 구할 수 있다.

[그림 1-7] 구면계

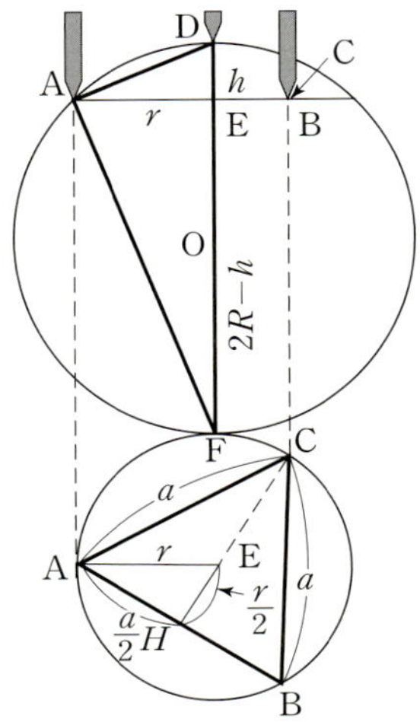

[그림 1-8] 구면계의 원리

3 실험 기구 및 장치

버니어캘리퍼스(Vernier Caliper Meter), 마이크로미터(Micrometer), 구면계(Spherometer) 측정용 시료, 구면경 또는 렌즈, 평면 유리판

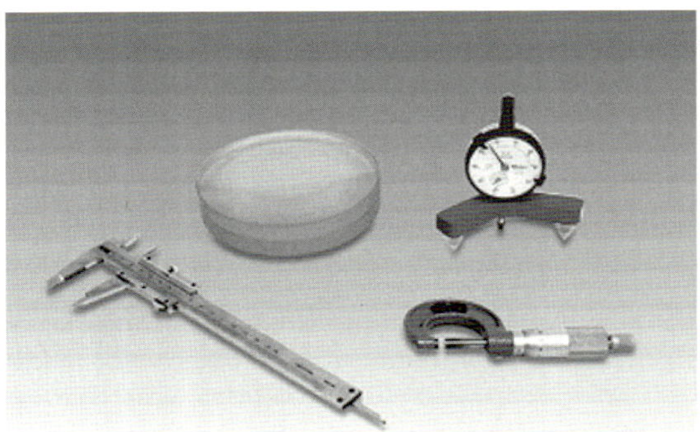

[그림 1-9] 실험 장치

4 실험 방법

A 버니어캘리퍼스

1. 버니어캘리퍼스의 고정나사를 풀어 부척이 자유롭게 움직이도록 하고, 두 외경 턱 척 완전히 닫았을 때 주척과 부척의 0 이 서로 일치하는가를 확인 한 후 0 점 보정을 한다.
2. 그림 1-1 의 AB 또는 CD 사이에 물체를 넣고, 부척을 움직여 측정하고자 하는 물체 부위에 AB 를 고정시킨다.
3. 주어진 유리원통의 내경과 외경, 깊이를 6 회씩 측정하여 그들의 평균값을 구한다.
4. 측정이 끝나면 반드시 고정나사를 죄어 버니어를 고정시킨다.

B 마이크로미터

1. 고정열쇠를 푼 다음 그림 4 의 AC 사이에 아무것도 끼우지 않고 돌리개 (E)만 가만히 돌린다. AC 가 접하여 돌리개를 돌려 '따닥' 소리가 3 번 나면 멈춘다. 이때의 주척과 부척의 눈금으로 영점을 정한다.
2. AC 사이에 물체를 넣은 후, 손잡이 (돌리개)를 돌려서 '따닥' 소리가 3 번 나면 멈춘다.
3. 주어진 두 종류 철사의 직경과 종이의 두께를 차례로 6 회씩 측정하여 0 점 보정 후에 평균과 표준오차를 구한다.
4. 측정이 끝난 후 고정 걸쇠를 잠근다.

C 구면계

1. 구면계를 평면 유리판 위에 놓고 축 끝이 유리판에 접촉했을 때 작은 바늘과 큰바늘의 눈금을 0.01 mm 까지 읽어 h_1을 얻는다.
2. 측정하려는 구면경 또는 렌즈 위에 구면계를 가볍게 놓고 중앙의 나사가 물체 표면에 닿을 때 눈금 h_2를 읽는다. 이 때 $h=h_2-h_1$이 된다.
3. 절차 1 과 2 를 5 회 반복하여 h 의 평균치를 구한다.

4. 구면계를 종이 위에 놓고 가볍게 눌러 △ABC 의 정점의 흔적을 만든다. 이 때 삼각형의 각 변의 길이를 mm 자나 버니어캘리퍼스로 0.1 mm 까지 읽어 a_1, a_2, a_3 로하고, 그 평균치 a 를 얻는다.
5. 식 (1-6)을 이용하여 구면의 곡률 반경을 구한다.

실험 1 길이 및 곡률반경 측정

학 과 :	학 번 :	이 름 :
실험일 :	실험조 :	제출일 :

1. 실험값 및 계산

A 버니어캘리퍼스를 이용한 시료의 내경, 외경, 깊이 측정

횟 수	내 경(mm)	외 경(mm)	깊 이(mm)
1			
2			
3			
4			
5			
6			
평 균 ($\langle x \rangle$)			
표준편차 (σ)			

B 마이크로미터를 이용한 시료의 두께 측정

횟 수	직 경(mm)	부 피(mm^3)
1		
2		
3		
4		
5		
6		
평 균 ($\langle x \rangle$)		
표준편차 (σ)		

C 구먼계를 이용한 곡률반경 측정(단위: mm)

횟 수	a	h_0	H	$h=h_0-H$
1				
2				
3				
4				
5				
6				
평 균 ((x))				
표준편차 (σ)				

a : 정삼각형의 한 변, h_0 : 구면계의 영점, H : 물체에서의 구면계 눈금

계산 : $R \cong \frac{a^2}{6h} + \frac{h}{2}$

2. 실험 결과 및 토의

실험 2

자유낙하

1 실험 목적

자유낙하하는 물체의 운동을 관찰하고 낙하거리와 시간을 측정하여 중력가속도를 구한다. 이때 자유낙하하는 물체의 운동은 등가속도 운동을 한다.

2 이론 및 원리

질량 m 인 물체에 운동상태의 변화 원인인 힘이 일정하다면 가속도가 일정하게 되며, 물체의 속도는 시간에 따라 일정하게 변화하며 직선을 따라 운동하고 이를 등가속도 운동이라 한다. 물체의 운동에서 물체가 어떻게 운동하는지에 대한 것을 연구하는 것을 운동학이라 하며, 운동학에서는 3 개의 방정식을 이용하여 미지수를 해결하게 된다. 운동학에서 사용되는 3 개의 방정식을 유도해 보자.

속도와 시간의 그래프 (그림 2-1)에서 기울기는 평균가속도로, 등가속도 운동에서는 평균가속도와 순간가속도는 일정하다. 시간이 0 일 때 물체의 속도가 v_0 이고, t 일 때 속도를 v 라 하면

$$a = a_{avg} = \frac{\Delta v}{\Delta t} = \frac{v - v_0}{t - 0} \tag{2-1}$$

정리하면 그림과 같이 v-t 그래프에서 일차함수가 된다.

$$v(t) = v_0 + at \tag{2-2}$$

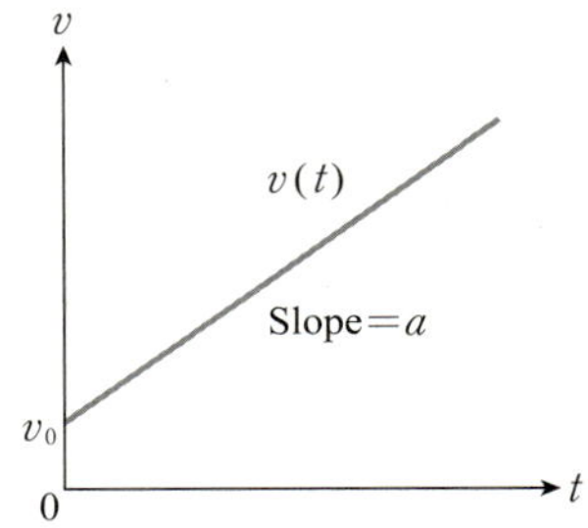

[그림 2-1] 속도와 시간 그래프

시간 0 에서 t 까지 물체의 평균 속도는

$$v_{avg} = \frac{v_0 + v}{2} = \frac{v_0 + at + v_0}{2} = v_0 + \frac{1}{2}at = \frac{x - x_0}{t - 0} \tag{2-3}$$

위 식을 정리하면

$$x - x_0 = v_0 t + \frac{1}{2}at^2 \tag{2-4}$$

식 (2-2)에서 시간 t 를식 (2-4)에 대입하여 정리하면

$$v^2 - v_0^2 = 2a(x - x_0) \tag{2-5}$$

운동학에서 식 (2-2), 식 (2-4), 식 (2-5)를 이용하여 모르는 미지수를 결정하게 된다. 운동학의 방정식은 다음의 다른 2 가지 방법으로 유도할 수 있다.

1) 그래프를 이용

등가속도 운동에서 가속도와 시간의 그래프에서 아래 면적은 속도의 변화를 의미하고, 속도와 시간의 그래프에서 기울기는 가속도를 아래쪽 면적은 변위가 된다. 위치와 시간의 그래프에서 기울기는 속도가 된다. 따라서,

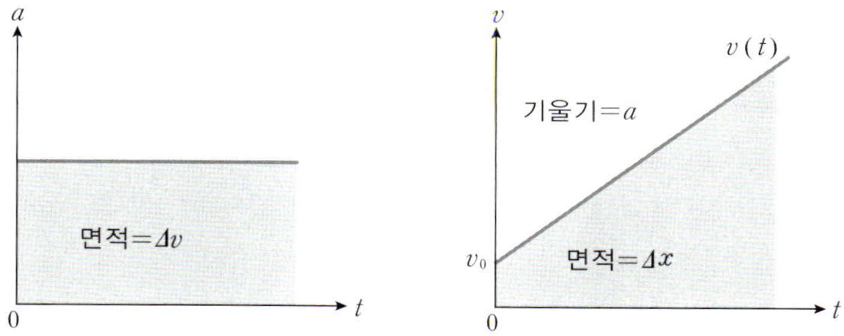

[그림 2-2] 가속도-시간, 속도-시간 그래프

$$\Delta x = x - x_0 = v_0 t + \frac{1}{2}(v - v_0)t = v_0 t + \frac{1}{2}at^2$$
$$\Delta v = v - v_0 = at \tag{2-6}$$

2) 적분을 이용

가속도의 정의로부터

$$a = \frac{dv}{dt}$$
$$\int_{v_0}^{v} dv' = \int_0^t adt'$$
$$v - v_0 = at \tag{2-7}$$

속도의 정의로부터

$$v = \frac{dx}{dt}$$
$$\int_{x_0}^{x} dv' = \int_0^t vdt' = \int_0^t (v_0 + at')dt'$$
$$\Delta x = x - x_0 = v_0 t + \frac{1}{2}at^2 \tag{2-8}$$

그래프를 이용하여 계산한 결과와 같은 결과를 얻게 된다.

작용하는 힘은 중력으로 일정하게 작용한다. 따라서, 일정한 가속도 (g)를 가지고 지구 중심을 향해 떨어진다. 물체는 등가속도 운동을 하며 직각좌표계를 적용하여 낙하방향을 y축으로 정하게 된다면 일차원 운동 방정식으로 설명할 수 있다.

$$m\frac{d^2y}{dt^2} = mg \tag{2-9}$$

처음 정지 상태에서 출발하고 물체의 운동방향을 $+y$로 정하면 t초 후 물체의 낙하거리는 다음과 같이 주어진다.

$$y(t) = \frac{1}{2}gt^2 \tag{2-10}$$

즉, 중력가속도 g는

$$g = \frac{2y(t)}{t^2} \tag{2-11}$$

[그림 2-3] 자유낙하장치

가 된다.

따라서 자유낙하 하는 물체의 시간에 따른 좌표를 구하고 이것으로부터 시간과 낙하거리 사이의 그래프를 그리면 이 그래프의 추세선을 통해서 중력가속도 값을 구할 수 있다.

3 실험 기구 및 장치

지지대, 홀딩 & 낙하장치, 낙하구, 삼발이, 기준자, I-CA 서버

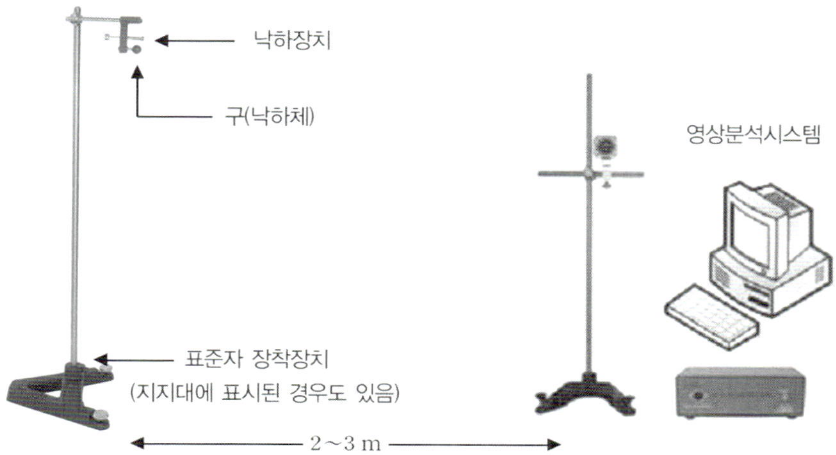

[그림 2-4] 자유낙하 실험장치

4 실험 방법

1. 그림 2-4 와 같이 자유낙하 실험 장치의 낙하높이를 결정한 후 홀딩부위를 낙하장치의 지지대에 설치한다.
2. Image Capture and Analyzer(I-CA) 시스템을 설치한다.

   [참고] 카메라는 구면수차를 감안하여 2-3 m 뒤에 설치하고 줌을 조절하여 실험하기 좋은 화면을 맞춘다. 수평계 등으로 카메라가 중력의 방향과 수직이 되게 맞춘다.
3. Image Capture and Analyzer(I-CA)를 컴퓨터에 연결시켜 PhysicsView (프로그램)를 실행한다. '파일-카메라 설정'을 실행하여 CCD 카메라가 자유낙하장치를 촬영할 수 있도록 한다.
4. 카메라 셋팅이 끝나면, 기준자를 운동면에 놓고 '파일-화면 캡처'를 실행하여 실험 준비 화면을 저장한다. '파일-좌표계 설정'을 클락하여 좌표계의 원점과 거리 측정의 기준이 되는 기준자 (50 cm)의 길이를 입력한다.

5. 낙하장치에 형광구를 설치하고, 프로그램에서 '파일-화면 캡처'를 재실행하여 실험 장면이 촬영되도록 한 후, 홀딩장치를 풀어 낙하구가 자유낙하 되도록 한다.

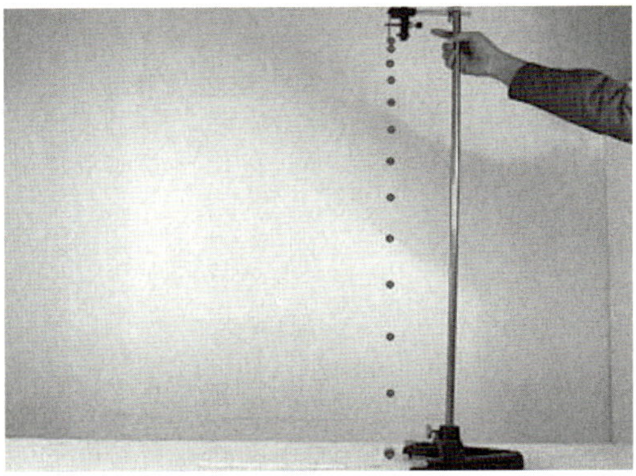

[그림 2-5] 자유낙하운동

6. 촬영되는 실험 장면을 저장하고 '파일-분석'을 실행하여 저장된 실험동영상을 분석해서 낙하구가 떨어지는 시간과 높이를 Excel 표로 기록한다. Data 로 분석그래프를 그리고 이 그래프를 첨부하여 결과보고서를 작성한다.

[참고] 분석은 그래프 보기를 통해 T-Y 그래프 2 차함수를 선택, 그래프가 2 차함수로 주어지는지 확인하고 추세선을 통해 중력가속도를 구한다. 실험체가 수직에서 벗어난 경우는 Y 축 보정을 통하여 중력가속도를 구한다.

7. 동일 실험을 3 회 반복하여 평균값을 구한다.
8. 질량과 높이를 바꾸어 위 실험을 3 회 반복하여 평균값을 구한다.

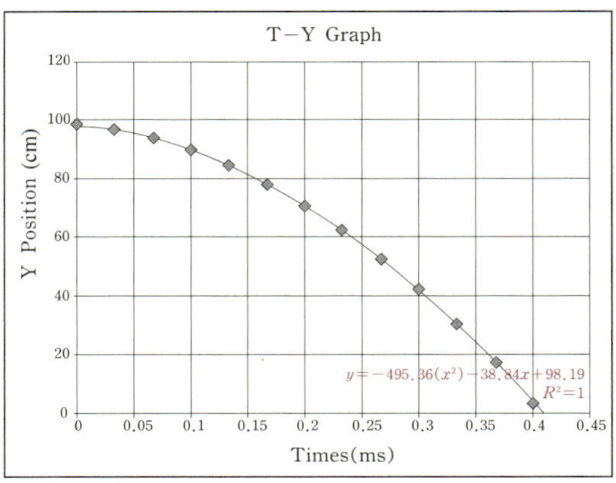

[그림 2-6] 자유낙하운동 분석그래프

실험 2 자유낙하

학　과 :	학　번 :	이　름 :
실험일 :	실험조 :	제출일 :

1. 실험값 및 계산

실험 1 추 질량 m =______________ g 인 경우

횟　수	추세선식 ($y = at^2/2$)	측정 중력 가속도(cm/s^2)	오차(%)
1			
2			
3			
평 균			

실험 2 추 질량 m =______________ g 인 경우

횟　수	추세선식 ($y = at^2/2$)	측정 중력 가속도(cm/s^2)	오차(%)
1			
2			
3			
평 균			

2. 실험 결과 및 토의

실험 **3**

포사체 운동

1 실험 목적

본 실험의 목적은 다양한 높이와 각도에서 포사체의 수평 발사 범위를 예측하는 것이다. 또한, 각기 다른 발사 속도로 포사체를 수평으로 발사했을 경우 포사체의 비행시간을 비교해 본다.

2 이론 및 원리

그림 3-1 과 같이 바닥면과 일정한 각 (θ_0)를 가지고 초기 속도(v_0)로 쏘아 올려진 질량 m 인 물체의 운동을 생각해 보자. x 축 방향으로 받는 힘이 없으므로 속도의 변화가 없다. 하지만, y 방향으로는 중력을 받게 된다. 따라서 x 축은 등속운동을 하게 되고, y 축은 등가속도 운동을 하게 된다. 각 성분에 따라 다음을 구할 수 있다.

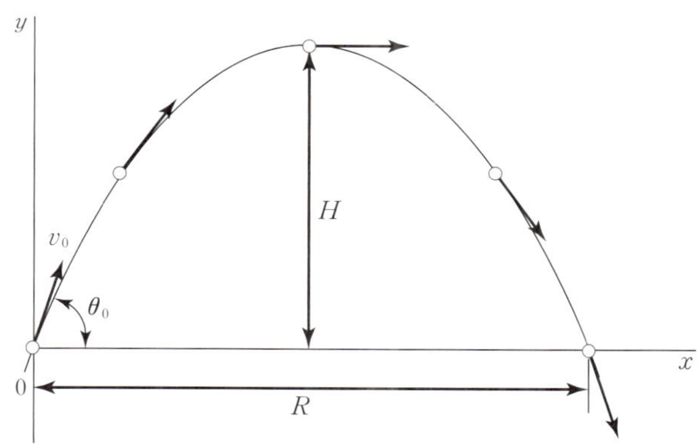

[그림 3-1] 입자의 포물선 운동

$$a_x = 0$$

$$a_y = -g \qquad (3-1)$$

$$v_x = v_0 \cos\theta_0 = cons$$

$$v_y = v_0 \sin\theta_0 - gt \qquad (3-2)$$

따라서, 임의의 시간 t 초에서의 물체의 위치는 위의 식 (3-2)을 적분하여 구할 수 있다.

$$x(t) = (v_0 \cos\theta_0)t \qquad (3-3)$$

$$y(t) = (v_0 \sin\theta_0)t - \frac{1}{2}gt^2 \qquad (3-4)$$

여기서 초기 위치를 원점으로 잡았다. 이 식에서 t 를 소거하면

$$y(x) = (\tan\theta_0)x + \left(\frac{g}{2v_0^2 \cos^2\theta_0}\right)x^2 \qquad (3-5)$$

이 식을 y 를 x 에 연관 짓는 포물선 궤도 방정식이라 한다. 이 포물체의 수평방향의 도달거리 R 은 y=0 의 점이므로

$$R = \frac{v_0^2}{g}\sin 2\theta_0 \qquad (3-6)$$

로 주어지고, 식 (3-6)에서 수평 도달거리는 45°에서 최대가 된다. 또한, 45°$\pm\alpha$의 각으로 물체를 운동 시키면 최고점 높이는 45°$+\alpha$ 가 45°$-\alpha$ 보다 높지만 수평 도달거리는 같게 된다. 지면에 도달할 때까지 걸리는 비행시간 T 는 다음과 같다.

$$T = \frac{2v_0 \sin\theta_0}{g} \qquad (3-7)$$

한편 최고점의 높이 H 는 dy/dx=0 의 점이므로 다음과 같이 주어진다.

$$H = \frac{v_0^2 \sin^2\theta}{2g} \qquad (3-8)$$

실제 포사체 실험에서는 포사체가 지면 아래로 떨어지기 때문에 비행시간을 계산하기 위하여 다시 한 번 정리하여 보자. 포사체의 수평 도달거리 R 은 다음 식으로 구할 수 있다.

$$R = v_{0x}t \tag{3-9}$$

여기서, v_{0x}는 수평속도이고 t는 비행시간이다. 비행시간 t를 구하려면, 다음의 운동식이 필요하다.

$$\Delta y = \frac{1}{2}a_y t^2 + v_{0y}t \tag{3-10}$$

여기서 Δy 는 높이 g는 중력가속도, v_{0y}는 초기속도의 수직성분이다.

포사체가 (어떤 높이에서) 수평 발사되면, 비행시간은 식 (3-10)을 다시 풀어서 구할 수 있다. 초기속도가 0 이기 때문에, 식 (3-10)의 우변의 두 번째 항이 지워지고 다음 식을 얻을 수 있다.

$$t = \sqrt{\frac{2\Delta y}{a_y}} \tag{3-10a}$$

포사체가 어떤 각도에서 발사되어서 발사 위치와 같은 높이에 착지하면, 식 (3-10)의 좌변이 0 이 되고, t에 대해 다시 풀면 다음 식을 얻을 수 있고, 이는 식 (3-7)에서 계산한 결과와 같다.

$$t = \frac{-2v_{0y}}{a_y} = \frac{2v_0 sin\theta_0}{g} \tag{3-10b}$$

포사체가 어떤 높이에 발사되어서, 아무 항도 지워지지 않으면 식 (3-10)은 다음과 같이 정리할 수 있다.

$$\frac{1}{2}a_y t^2 + v_{0y}t - \Delta y = 0 \tag{3-10c}$$

식 (3-10c)로 비행시간 t를 구하려면 2 차 방정식을 풀어야 한다.

3 실험 기구 및 장치

(1) Mini Launcher(ME-6825)

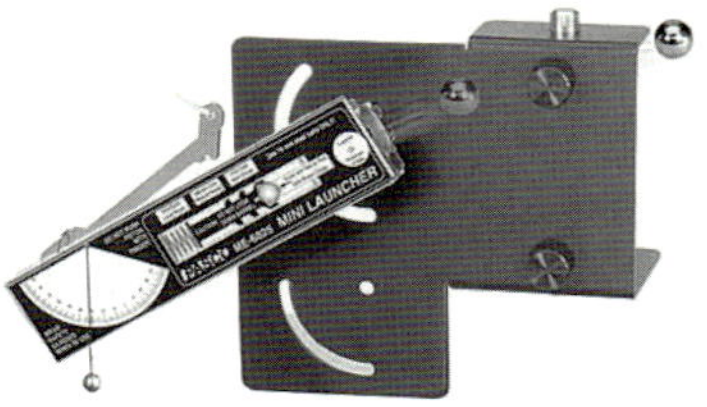

(2) Smart Timer(ME-8930)

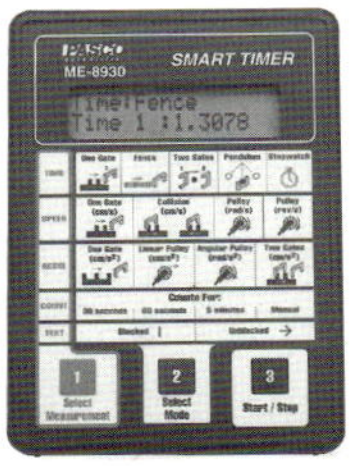

(3) Time of Flight Accessory(ME-6810)

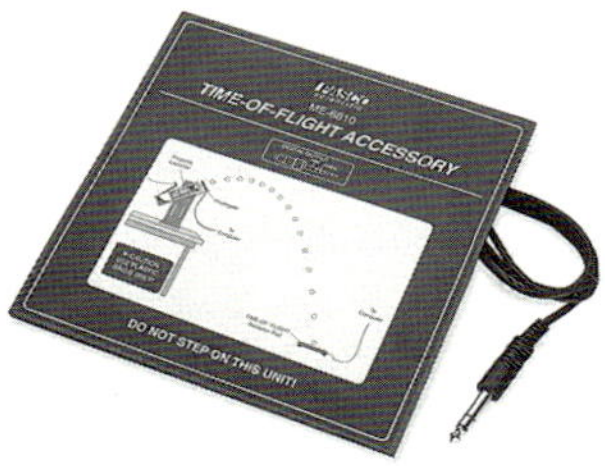

(4) Photogate Head(ME-9498A)

(5) Photogate Bracket(ME-6821)

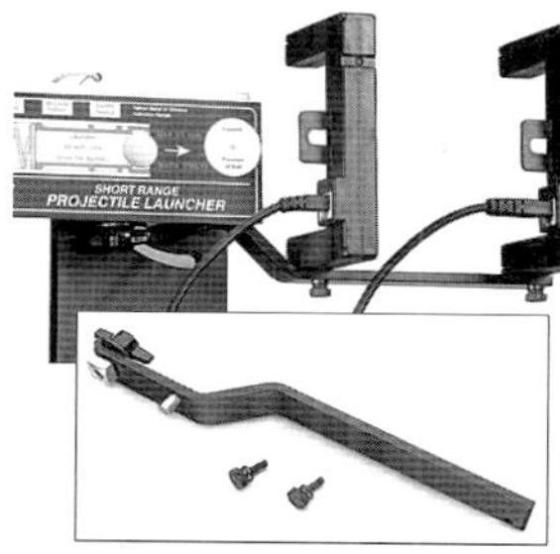

(6) Universal Table Clamp(ME-9376B)

(7) Metric Measuring Tape(SE-8712A)

(8) Carbon Paper(SE-8693)

4 실험 Setup

실험 셋업 Part A1 : 발사 속도

[안전시 주의사항]
1) 보안경을 착용한다.
2) 외부 물체를 발사기에 놓지 않는다.
3) 발사기를 자세히 들여다 보지 않는다.

1. 테이블의 반쪽 모서리에 포사체 발사기를 장치할 위치를 잡는다. 테이블 주변으로 약 3 m 거리의 바닥을 깨끗하게 치운다.
2. 만능 테이블 클램프를 사용하여 테이블의 한 쪽 구석에 발사기를 고정시킨다 (아래 사진 참조).

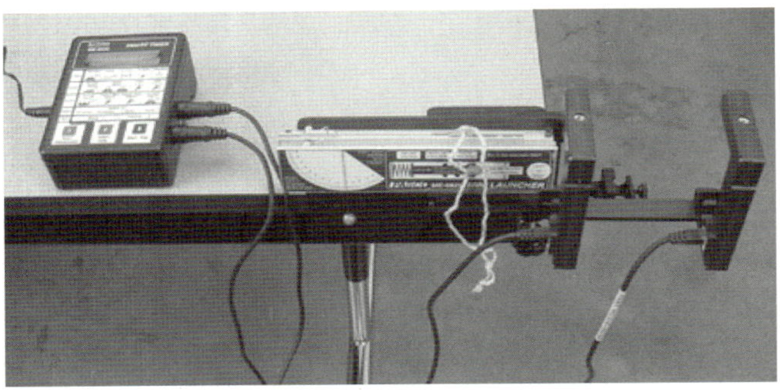

3. 부속 연추를 사용하여, 발사기의 각도를 0°로 조절한다.
4. 포토게이트 브라켓을 발사기 아래의 홈에 밀어 넣고 나비형 나사로 죈다.
5. 두 개의 포토게이트를 브라켓에 연결시킨다 (아래 사진 참조).

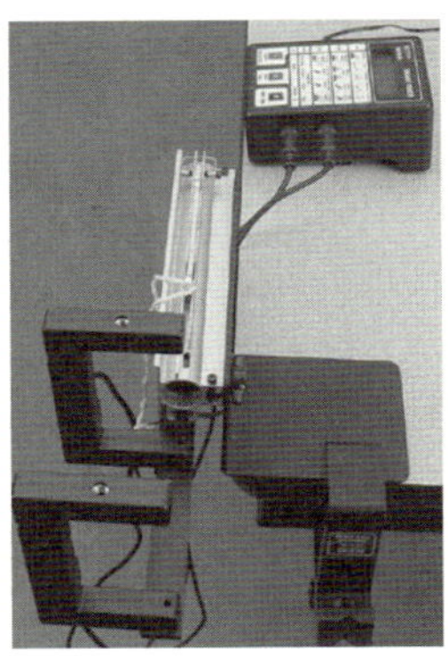

6. 포토게이트를 발사기에 가장 가깝게 스마트타이머의 포트 1 에 꽂는다. 다른 포토게이트는 포트 2 에 꽂는다.
7. 스마트타이머를 켠다. 빨간색 "Select Measurement" 버튼을 사용하여, "Time Measurement" 을 선택한다.
8. 파란색 "Select Mode" 버튼을 사용하여, "Two Gates Mode" 를 선택한다. 이는 포사체가 두 포토게이트 사이를 이동하는데 걸리는 시간을 측정할 것이다.

실험 셋업 Part B : 범위

1. 위에서 계산된 예측범위와 동일한 거리에서 포사체 발사기 앞쪽 바닥에 타겟을 테이프로 붙인다.
2. 카본지를 타겟 위에 놓는다.
3. 포사체 발사기를 정렬한다.
4. 세 번째 '딸각' 소리가 들릴 때까지 공을 장전하여 발사한다. 4 회 이상 반복한다.
5. 카본지를 제거한다. 공이 타겟의 정중앙(Bull's eye)을 맞춘 위치를 관찰한다.

실험 셋업 Part C : 특정각도에서 발사하기

1. 테이블 클램프를 사용하여 테이블의 한 쪽 구석에 발사기를 고정시켜서 공이 발사되어 같은 높이에 착지할 수 있도록 한다 (아래 사진 참조).

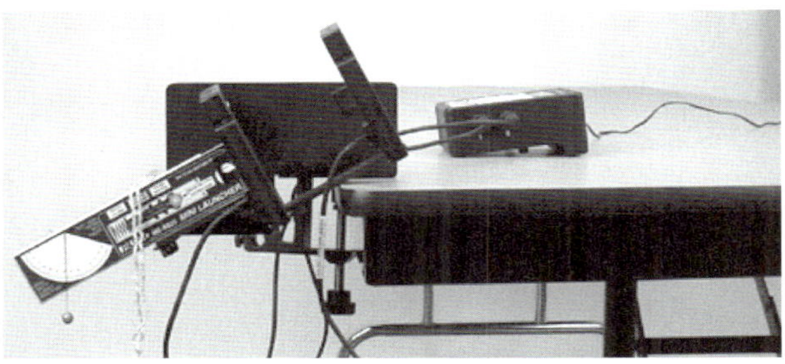

2. 발사기의 각도를 25°로 조정한다.

[참고] 포토게이트 브라켓과 발사기에 부착된 포토게이트를 사용하면, 가장 작은 각도가 약 23°이다.

3. 포토게이트를 발사기와 가장 가깝게 스마트타이머의 포트 1 에 꽂는다. 또 다른 포토게이트는 포트 2 에 꽂는다.
4. 스마트타이머를 켠다. 빨간색 "Select Measurement" 버튼을 사용하여, "Time Measurement" 을 선택한다.

5. 파란색 “Select Mode” 버튼을 사용하여, “Two Gates Mode” 를 선택한다. 이는 포사체가 두 포토게이트 사이를 이동하는데 걸리는 시간을 측정할 것이다.

5 실험 방법

실험방법 Part A1 : 발사속도

1. 측면의 십자선(cross-hairs)을 이용하여, 포사체의 높이를 기록한다. 또한, 두 포토게이트 사이의 간격을 기록한다.
2. 강철공을 발사기에 올려놓고 밀대를 사용하여 세 번째 ‘딸각’ 하는 소리가 들릴 때까지 공을 장전한다.
3. 작은 판지를 두 번째 포토게이트에서 2~3 cm 뒤에 오게 두어 공의 비행 방향을 가로 막는다.
4. 스마트타이머의 시작 버튼을 누른다.
5. 발사기의 발사끈을 당긴다.
6. 스마트타이머 디스플레이의 시간을 기록한다.
7. 두 번 ‘딸각’ 하는 소리가 들릴 때와 한 번 ‘딸각’ 하는 소리가 들릴 경우에 대해 각각 2 번~6 번 단계를 반복한다.

실험방법 Part A2 : 발사속도 對 비행시간

1. 포토게이트를 스마트타이머의 포트 2 에서 제거하고 비행시간측정 부속장치 (Time of Flight Accessory)로 교체한다.

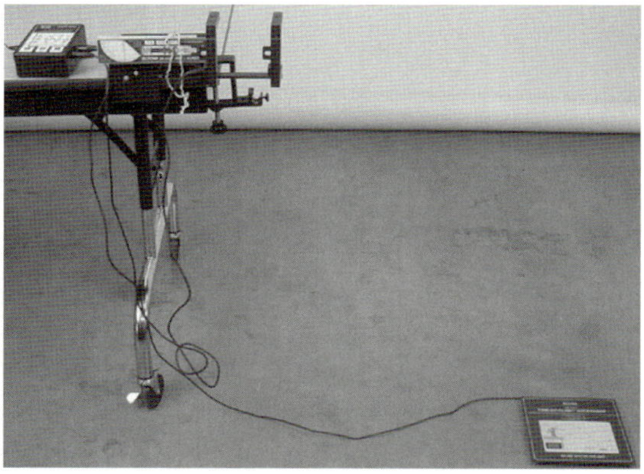

2. 세 번째 ‘딸각’ 소리가 들릴 때까지 공을 발사기에 장전한다.
3. 공이 착지하는 위치를 예측하고 예측한 바를 설명한다.
4. 공을 발사하고 착지한 위치를 적어둔다 (or 주목한다). 비행시간측정 부속장치 (Time of Flight Accessory)를 공이 착지할 지점에 위치시킨다.
5. 강철공을 발사기에 올려놓고 장전자를 사용하여 세번째 ‘딸각’ 하는 소리가 들릴 때까지 공을 밀어 넣는다.
6. 스마트타이머의 시작 버튼을 누른다. 참고: 동일한 스마트타이머를 사용하여 Part A1 으로 설정한다.
7. 발사기의 발사끈을 당긴다.
8. 스마트타이머 디스플레이에 뜨는 시간을 데이터 분석 표 A2 에 기록한다.
9. 두 번 ‘딸각’ 소리가 들릴 때와 한 번 ‘딸각’ 소리가 들리는 경우 각각에 대해, 2 번~8 번 단계를 반복한다.

실험방법 Part C : 특정각도에서 발사하기

1. 밀대를 사용하여, 공을 발사기 쪽으로 가능한 멀리 민다. 3 번의 ‘딸각’ 소리가 들리는지 확인 한다. 스트링을 사용하여, 방아쇠를 뒤로 당긴다. 테이블 위에 공이 착지하는 위치를 주목 한다.
2. 이 지점에 빈 종이 한 장을 붙인다. 카본지를 빈 종이 위에 놓는다.
3. 발사기를 장전한다.
4. 스마트타이머의 시작 버튼을 누른다.
5. 공을 발사한다.
6. 줄자를 사용하여 수평 거리를 구한다.
7. 실험데이터를 기록한다. 각도, 두 포토게이트를 지나는 시간, 미터 단위의 수평 거리 값을 “Measured Range” 데이터 표에 입력한다.
8. 35 도, 45 도, 55 도, 65 도, 75 도, 85 도 각도에서 1 단계~7 단계 실험을 반복한다.

실험 3 포사체 운동

학 과 :	학 번 :	이 름 :
실험일 :	실험조 :	제출일 :

1. 실험값 및 계산

Part A1 : 발사속도

포토게이트 간격 : ______________ m

딸깍소리의 횟수	두 포토게이트를 지나는 시간 (s)	발사속도 (m/s)
3 번째 딸깍		
2 번째 딸깍		
1 번째 딸깍		

Part A2 : 발사속도 對 비행시간

1. 두 포토게이트를 지나는 시간과 거리를 이용하여 각각의 발사에 대한 포사체의 발사속도를 구한다.
2. 이 수치들을 데이터 분석 표 A2 에 기록한다.

[데이터 분석 표 A2]

포사체 높이 : ______________ m

딸깍소리의 횟수	발사속도 (m/s)	비행시간 (s)	수평거리 (m)
3 번째 딸깍			
2 번째 딸깍			
1 번째 딸깍			

분석 Part C : 특정각도와 같은 높이로 발사하기

1. 두 포토게이트 간의 거리와 시간을 이용하여(데이터 표 C), 공의 초기속도를 계산한다. 이 값들을 초기속도 분석 표에 기록한다. (2 번째 딸깍으로 고정하고 실험한다.)

[데이터 표 : C 수평 거리]

두 포토게이트 간의 거리 : ______________ m

각도(°)	두 포토게이트를 지나는 시간 (초)	초기속도 (m/s)	비행시간(s)	수평 거리(m)		오차(%)
				측정	계산[식(8)]	
25						
35						
45						
55						
65						
75						
85						

포사체 위치 가능 모눈종이. (결과지 제출시 함께 제출 하시오.)

이곳에 먹지를 이용해서 점을 찍어서 수평거리를 측정하시오.

각 점에 어떤 파트의 몇 번째 실험인지 점 옆에 기재하시오. (예 : A1-2번 딸깍, C-25°)

2. 실험 결과 및 토의

실험 **4**

도르래–역학적 에너지 보존

1 실험 목적

마찰을 이용한 경우와 도르래를 이용한 경우의 역학적 에너지 효율을 비교하는 것이 목적으로, 기계적 이득을 얻기 위한 복합 도르래를 구성해보고 역학적 에너지 보존을 실험을 통해 검증한다.

2 이론 및 원리

기계들은 일을 쉽게 하기 위해 고안되었다. 도르래는 지레, 경사면, 쐐기, 축과 바퀴 (기어 포함), 나사와 같이 6 개의 기본적인 기계 중 하나이다. 복합 기계는 이러한 기본 기계의 조합을 통해 일을 쉽게 할 수 있게 한다. 역학적 이득은 얼마나 쉽게 일을 할 수 있는지, 즉, 얼마나 작은 힘으로 같을 일을 할 수 있는 지로 정의된다.

기계적 이득 G_F 는 출력되는 힘을 F_{out}, 입력되는 힘을 F_{iin} 이라고 할 때, 아래 식으로 쓸 수 있다.

$$G_F = \frac{F_{out}}{F_{in}} \tag{4-1}$$

또 기계를 평가하는 또 하나의 중요한 요소는 에너지 효율이다. 모든 기계는 1 보다 작은 에너지 효율을 가진다. 마찰이나 다른 요인들로 인해 완전히 전달하지 못하게 된다.

일과 에너지 정리에 따라 물체에 작용된 에너지는 물체에 가한 일과 그 물체가 이동한 거리의 곱으로 확인할 수 있으며, 역학적 효율 η 는 전달된 에너지를 E_{out} 기계에 작용된 에너지를 E_{in} 이라고 할 때, 아래와 같이 정의된다.

또한 고정 도르래는 힘의 방향을 바꿔줄 수 있으며, 움직도르래는 힘의 크기를 줄일 수 있다.

$$\eta = \frac{E_{out}}{E_{in}} \tag{4-2}$$

기계를 통해 전달되지 못한 에너지는 기계 내부에 저장되거나 대부분 주위를 데우는 열에너지로 발산된다. 역학적 에너지 효율을 높이기 위해서는 마찰을 줄여 열로 손실되는 에너지를 줄여야 한다. 마찰계수가 작은 재료 및 윤활제 사용, 미끄러짐 대신 구름을 통한 이동 등의 방법을 적용할 수 있다.

도르래는 회전축이 이동하지 못하게 고정된 경우 고정 도르래, 회전축이 이동할 수 있는 경우 움직도르래라고 한다. 또한 고정 도르래는 힘의 방향을 바꿔줄 수 있으며, 움직도르래는 힘의 크기를 줄일 수 있다.

3 실험 기구 및 장치

(1) 여러가지 도르래(삼중 직렬 도르래, 단순 도르래, 4 중 도르래)

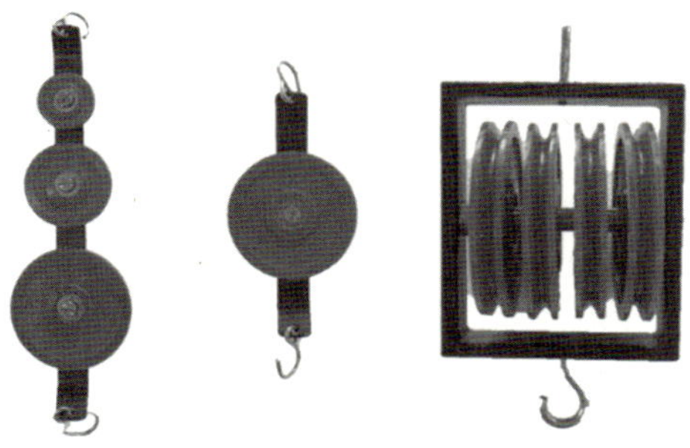

(2) 추 세트

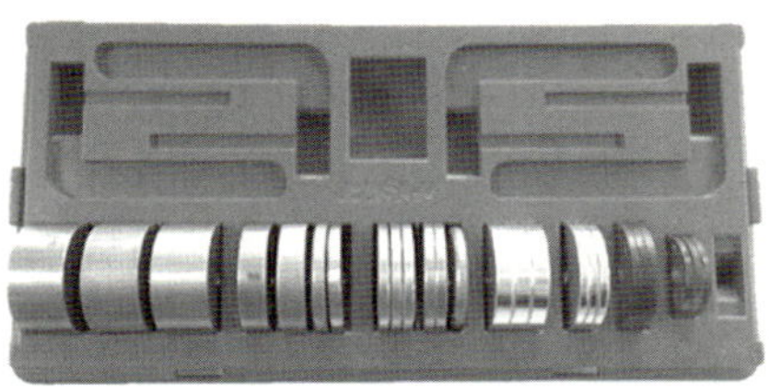

(3) 용수철 저울

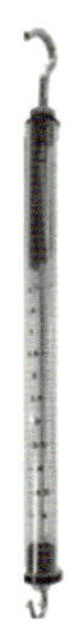

(4) 금속지지막대와 스탠드베이스

4 실험 방법

[파트 1] 미끄럼 마찰과 고정 도르래 비교

이 실험은 미끄러짐을 이용했을 때와 도르래를 이용했을 때의 역학적 효율을 비교해보는 실험이다.

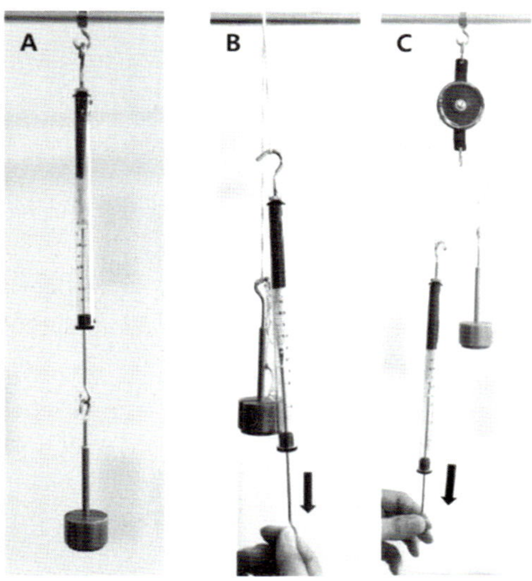

[그림 4-1] 용수철 저울을 이용한 무게 측정 및 미끄러짐과 고정 도르래

1. 5N 용수철 저울을 이용하여 200 g 추의 무게를 뉴턴 단위로 무게를 측정한다.
2. 5N 용수철 저울에 실 한 쪽 고리를 연결하고 200 g 추를 다른 쪽 끝에 연결한다.

3. [그림 4-1]의 B, C 두 가지 경우에 대해 줄을 천천히 당기면서 용수철 저울의 평균적인 눈금을 읽어서 얼마만큼의 힘이 필요했는지 기록한다.
4. 미끄러짐을 이용할 때와 도르래를 이용했을 때의 역학적 효율을 계산한다.

[파트 2] 복합 도르래를 이용한 기계적 이득과 효율

여러가지 복합 도르래를 구성하여 기계적 이득을 계산하고 역학적 효율을 측정한다.

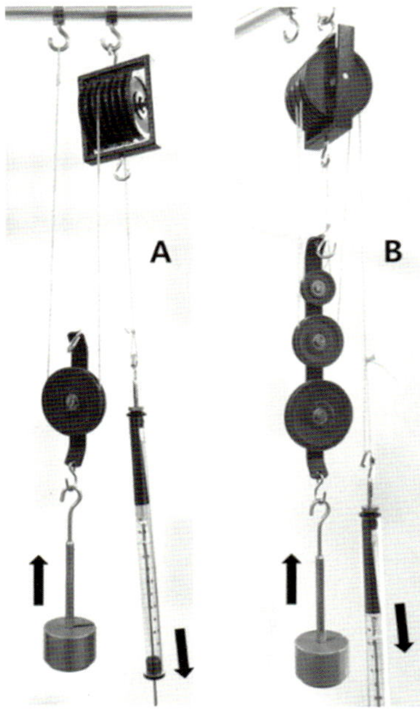

[그림 4-2] 용수철 저울을 이용한 무게 측정 및 미끄러짐과 고정 도르래

1. 500 g 추의 무게를 뉴턴 단위로 용수철 저울을 이용하여 측정한다.
2. [그림 4-2]의 A 와 같이 고정 도르래와 움직도르래를 이용하여 복합 도르래를 구성한 후에 500 g 추를 실의 끝에 매단다.
3. 움직도르래를 잡고 있는 줄의 개수를 기록한다.
4. 용수철저울을 눈금이 흔들리지 않는 정도로 잡아당겨 평균 힘을 측정하며 20 cm 를 이동하게 하고, 추가 움직인 거리 또한 측정한다.
5. 위에서 측정한 내용을 바탕으로 투입된 에너지, 추에 전달된 에너지를 계산해 역학적 효율을 계산한다.
6. [그림 4-2]의 B 와 같이 복합 도르래를 구성하여 같은 과정을 반복한 후, 역학적 효율을 계산한다.

실험 4 도르래-역학적 에너지 보존

학 과 : 학 번 : 이 름 :
실험일 : 실험조 : 제출일 :

1. 실험값 및 계산

실험 1. 미끄러짐 마찰과 고정 도르래 비교

추의 무게: ____________________N

구 성	평균 힘 (N)	역학적 이득
A. 미끄러짐을 이용		
B. 도르래 이용		

실험 2. 복합 도르래를 이용한 기계적 이득과 효율

추의 무게: ____________________N

도르래에 걸린 줄의 개수	측정 힘 (N)	역학적 이득	투입된 에너지 (J)	전달된 에너지 (J)	역학적 효율 (%)

2. 실험 결과 및 토의

실험 **5**

Newton 의 법칙

1 실험 목적

이 실험의 목적은 뉴턴의 제 2 법칙을 확인하여 결정하는 것이다. 변형된 형태의 애트우드의 기계(Atwood's machine)를 테이블 끝의 도르래 위에 걸려 있는 스트링에 연결시킨 질량물체를 이용하여 설치한다. 스트링의 다른 쪽 끝은 카트에 설치된 힘 센서(Force Sensor)에 연결한 후 운동 센서(Motion Sensor)가 카트의 속도를 기록한다.

2 이론 및 원리

뉴턴은 물체의 운동을 연구하여, 물체의 운동과 힘의 밀접한 관계를 관찰과 직관을 통하여 정량적으로 기술하였다. 이것이 뉴턴의 운동 법칙으로, 일정한 질량의 물체에 가해지는 힘의 크기에 물체의 운동상태 변화(속도의 크기와 방향 변화)를 표현하는 가속도는 비례한다.

$$a \propto F \tag{5-1}$$

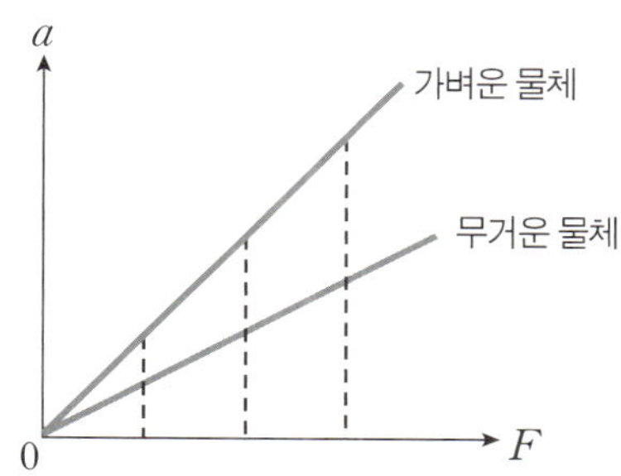

[그림 5-1] 가속도와 힘의 관계

그림에서 보는 바와 같이 가해준 힘이 일정할 때, 물체의 질량에 따라 가속도가 차이가 나타난다. 즉, 물체의 가속도는 물체의 질량에 반비례한다.

$$a \propto \frac{1}{m} \tag{5-2}$$

식 (5-1)과 식 (5-2)를 비례식으로 정리하면

$$F = kma \tag{5-3}$$

이때 비례상수 k=1 이 된다. 즉, 질량 m=1 kg 인 물체에 1 N (kg·m/s^2)의 힘이 가해지면 가속도는 1 m/s^2 이 된다. 이를 뉴턴의 제 2 법칙 (운동 법칙)이라 한다.

같은 힘이 가해졌을 때 물체에 따라 가속도가 차이가 나는데, 이는 물체가 가진 고유한 성질에 의한 결과로 이 고유한 성질을 질량이라 한다. 질량은 힘에 의한 물체의 속도 변화에 대한 저항의 척도, 즉 관성의 척도를 나타내는 양이라 해석할 수 있다. 관성이란 물체가 현재의 운동상태를 계속 유지하려는 성질을 나타내며 질량이 큰 물체일수록 가속과 감속에 더 큰 힘이 필요하다. 예를 들어 짐을 싣지 않은 트럭이 50 km/h 로 달리다 멈추는데 3 초가 걸렸다면 짐을 가득 실은 트럭은 멈출 때까지 제동시간이 더 길어진다. 이러한 관성을 표현한 운동법칙을 뉴턴의 제 1 법칙이라 하는데 흔히 관성의 법칙이라고도 한다. 만약 질량 m 인 물체에 작용하는 힘이 없다면 물체는 현재 운동상태를 계속 유지한다. 즉, 힘이 작용하지 않으면 정지한 물체는 계속 정지해 있고, 운동하던 물체는 등속도 운동을 계속하게 된다.

물체에 작용하는 힘이 하나가 아니라면 힘은 알짜힘 (net force)으로 고려되어야 하고 힘과 가속도가 벡터의 물리량이므로 뉴턴의 운동법칙을 다시 정리하면

$$\Sigma\vec{F} = m\vec{a} \tag{5-4}$$

이 된다. 물체에 크기는 같고 서로 반대 방향을 가진 2 개의 힘이 가해지면 이러한 힘의 총계는 0 이 된다. 뉴턴의 제 2 법칙에 따르면, 질량은 가속화되지 않을 것이다. 그러나, 그러한 2 개의 힘이 동일하다면, 물체는 알짜힘 (net force)과 동일한 방향으로 가속화될 것이다.

지구표면의 물체의 자유낙하나, 지구 주위의 수많은 인공위성의 궤도 운동과 같이 물체의 운동의 경우 두 물체의 상호작용에 기인하고, 이러한 상호작용에는 뉴턴의 제 3 법칙 또는 작용-반작용의 법칙으로 잘 설명할 수 있다. 질량 m_1 의 물체와 질량 m_2 의 물체가 서로 상호작용한다고 하자.

질량 m_1의 물체가 질량 m_2의 물체에 $\vec{F}_{21}$의 힘을 가하면, 질량 m_2의 물체도 질량 m_1의 물체에 같은 크기, 반대 방향의 힘 $\vec{F}_{12}$의 힘을 받게 된다.

$$\vec{F}_{12} = -\vec{F}_{21} \tag{5-5}$$

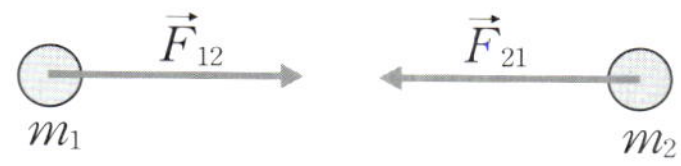

[그림 5-2] 상호작용하는 두 힘

이 실험에서, 가속도는 속도-시간 그래프에서 측정되어야 한다. 가속도가 단위 시간 당 속도 변화로 정의되므로, 속도-시간 그래프의 기울기가 가속도에 해당된다.

3 실험 기구 및 장치

(1) Science Workshop 750 Interface(USB)

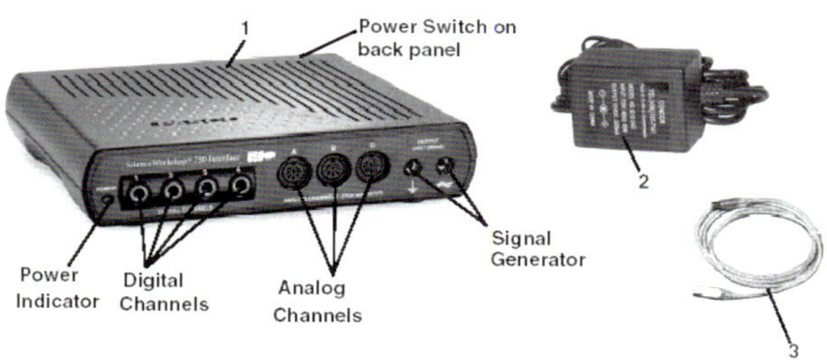

(2) PAScar Dynamics System(ME-6955)

(3) Motion Sensor(CI-6742A)

(4) Force Sensor(CI-6746)

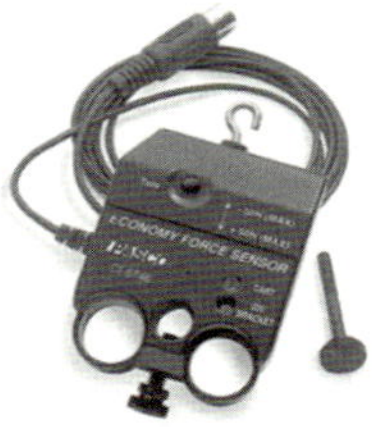

(5) Hover Puck(SE-7335B)

(6) Discover Friction Accessory(ME-8574)

(7) Smart Pulley with Clamp(ME-9448A)

(8) Physics String(SE-8050)

(9) Mass and Hanger Set(ME-9348)

4 실험 Setup

Science Workshop Sensor 의 설치

뉴턴의 제 2 법칙

1. Data 분석용 computer 를 켠다.
2. Science Workshop 에 운동센서를 연결한다.
   1) 노란색 플러그는 Digital Channel #1 에 연결하고, 검정색 플러그는 Digital Channel #2 에 연결한다.
   2) Computer 와 Science Workshop 을 주어진 USB cable 을 이용하여 연결한다
      *반드시 연결 전 Science Workshop 의 전원이 off 상태인지 확인한다.
3. 운동 센서 상단에 있는 스위치가 "카트"에 설정되어 있는지 확인한다.
4. 힘 센서를 Science Workshop의 Analog Channel #A에 연결한다. 인터페이스를 컴퓨터에 연결한다.
5. 길이가 긴 나비꼴 수나사(thumbscrew)를 사용하여, 힘 센서를 카트에 부착한다.

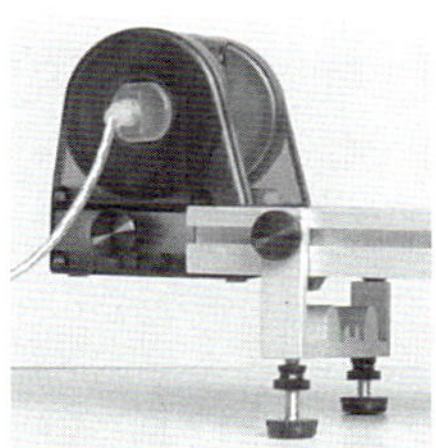

6. 위의 사진과 같이 운동 센서를 트랙의 한쪽 끝에 배치한다. 운동 센서의 한쪽 면에 있는 정렬 손잡이를 조정하여 운동 센서가 트랙과 평행을 이루도록 한다.
7. 트랙을 수평으로 조절한다.
8. 선택사항 : 양 쪽 끝에 있는 높이조절받침을 사용하여 트랙의 수평을 조절한다. 운동 센

서를 오른쪽에 제시된 바와 같이 트랙의 한쪽 끝에 부착한다.

9. 도르래를 죄어서 트랙의 다른 쪽 끝에 부착한다. 테이블의 가장자리 위에 이러한 끝부분을 배치한다.

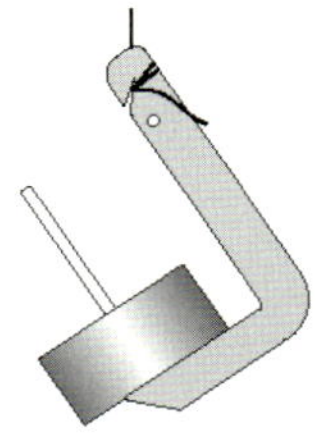

10. 질량 추걸이(mass hanger)의 노치(notch) 주변에 1 미터 길이의 스트링의 한쪽 끝을 감아 준다.
11. 트랙에 카트/힘 센서 조립 부품을 배치한다. 힘 센서의 혹에 스트링의 다른 쪽 끝을 연결 한다. 도르래에 질량 추걸이를 걸어준다.
12. 도르래를 조절하여 스트링의 수평을 조절한다.
13. 바탕화면의 Data Studio 를 구동한 후 "2nd Law (PP)·ds" 파일을 불러온다.

뉴턴의 제 3 법칙

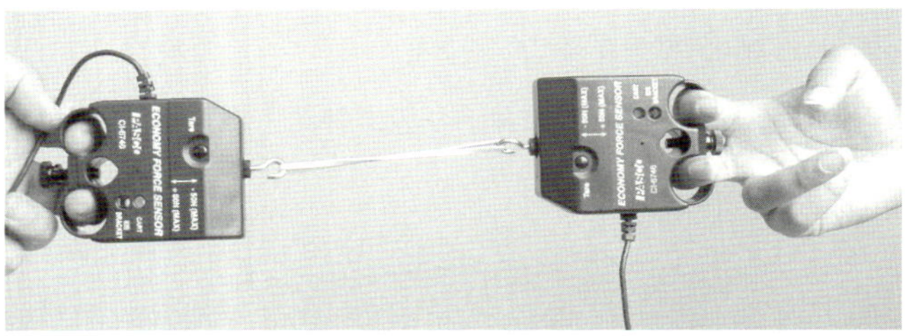

1. Science Workshop 의 analog channel A 에 힘센서를 연결한다. 다른 힘센서는 analog channel B 에 연결하고, 인터페이스를 컴퓨터에 연결한다.
2. 힘센서에 아무것도 연결되지 않은 상태에서 힘센서의 "Tare"를 누른다.
3. 위의 그림에서와 같이 긴 고무줄을 힘센서의 고리에 연결한다.
4. "3rd Law Tug-O-War·ds" 파일을 불러온다.

5 실험 방법

뉴턴의 제 2 법칙

1. 스트링에 장력을 부여하지 않고, 힘 센서의 "TARE" 버튼을 누른다.
2. 질량 추걸이가 도르래에 닿지 않도록 하면서 카트를 뒤로 가능한 멀리 잡아당긴다.
3. Data Studio 상단에 있는 [▶ Start] 버튼을 누르면서 동시에 카트의 작동을 해제한다.

카트가 도르래와 충돌하지 않도록 주의한다.

4. 힘 센서의 코드가 카트의 동작을 방해하지 않도록 주의한다.
5. 데이터 기록이 자동으로 중지된다.
6. 커서를 사용하여 속도 그래프에서 의도한 운동에 해당되는 부분만 선택하여 강조 표시한다. Fit 버튼을 누르고 "Linear Fit"을 선택한다 가속도 값을 데이터 표에 입력한다.
7. 커서를 사용하여 힘 그래프에서 가속화된 운동에 해당되는 부분만 선택하여 강조 표시한다. 범례에 이렇게 강조 표시된 부분에 대한 평균 힘이 표시된다. 평균 힘의 값을 데이터 표에 입력한다.
8. EXPERIMENT 메뉴로 이동하여 "Delete all Data Runs"를 선택한다.
9. 총 5 회에 걸쳐 데이터가 수집될 때까지, 이전의 단계를 반복한다.
10. 매번 질량을 20 그램 단위로 증가시킨다.
11. 힘-가속도 그래프를 관찰한다. Fit 버튼을 누르고 "Linear Fit"을 선택한다. 기울기 및 수직 절편의 값을 기록한다. 카트와 힘 센서의 질량을 킬로그램 단위로 확인한다.

뉴턴의 제 3 법칙

1. 힘센서에 아무것도 연결되지 않은 상태에서 힘센서의 "TARE" 버튼을 누른다.
2. 줄을 힘센서의 고리에 연결한다.
3. Data Studio 상단에 있는 Start 버튼을 누른다.
4. 데이터 기록이 자동으로 중지된다.
5. channel A 의 힘센서와 channel B 의 힘센서 값을 기록한다.
6. 위 실험을 4 회 반복한다.

실험 5 Newton 의 법칙

학 과 :	학 번 :	이 름 :
실험일 :	실험조 :	제출일 :

1. 실험값 및 계산

뉴턴의 제 1 법칙(Demo)

뉴턴의 제 2 법칙

A. Data

추의 질량 (m)	가속도 (a)	힘 (F)

기울기		절편	

B. Graph

뉴턴의 제 3 법칙

A. Data

반복 횟수	힘센서 1 [N]	힘센서 2 [N]

B. Graph

2. 실험 결과 및 토의

실험 6

에너지 보존 법칙

1 실험 목적

자동차는 대기위치에서 출발해 다양한 형태의 트랙 (언덕, 골, 만곡, 직선트랙)을 지나게 되며, 스마트타이머에 연결된 포토게이트를 사용하여 트랙 위의 다양한 지점에서 자동차의 속도를 측정한다. 출발 높이로 위치에너지를 계산하고 운동에너지는 측정된 속도로부터 계산한다. 트랙의 두 지점에 대해 총 에너지를 계산하고 비교해본다.

자동차가 대기위치에서 출발하여 만곡을 막 지나는 높이를 에너지 보존과 구심 가속도로부터 예측할 수 있다. 그리고 나서 실제 롤러코스터에 대해서 예측을 진행해 볼 수 있다. 또한, 자동차가 언덕 윗부분에서 출발하여 만곡의 정점을 지나면, 만곡의 정점에서 자동차의 속도를 측정할 수 있고, 겉보기 무게 (수직 항력)뿐 아니라 구심가속도 또한 계산할 수 있다.

2 이론 및 원리

물체의 운동은 뉴턴의 운동법칙을 통해 해석할 수 있다. 또 다른 방법은 여러 형태의 에너지를 고려해 물체의 운동을 해석하는 것이다. 특히, 에너지를 사용하는 방법은 화학 반응등과 같이 운동을 수반하지 않는 경우에도 확장해 적용할 수 있다. 먼저, 에너지를 이해하려면 물리적인 일에 대해 알아야 한다. 힘에 의해 물체에 전달되는 물리적인 일을 생각해보자. 물리적 일이란, 어떤 물체에 가해진 힘에 의해 그 물체에 변위가 발생했을 때 힘이 물체에 물리적 일을 하였다고 말한다. 일의 정의는, 물체는 가해준 힘에 의해 가속도가 생성되며 운동을 하게 된다.

$$W = \vec{F} \cdot \Delta\vec{x} \tag{6-1}$$

물체는 가해준 힘에 의해 가속도가 생성되며 운동을 하게 되면서 운동상태의 변화가 발생하고 이를 에너지로 표현할 수 있는데, 이는 운동하는 물체가 가지는 운동에너지이다. 운동에너지는 식 (6-1)에 실험 2 자유낙하운동에서 계산된 식 (2-5)를 대입하면

$$W = F\Delta x = ma\Delta x = \frac{1}{2}mv_f^2 - \frac{1}{2}mv_i^2 \tag{6-2}$$

이고, 우변의 항에 의해 운동하는 물체가 갖는 운동에너지가 정의된다. 운동에너지 K는

$$K \equiv \frac{1}{2}mv^2 \tag{6-3}$$

이다.

식 (6-2)와 식 (6-3)을 정리하면

$$\Sigma W = \Delta K \tag{6-4}$$

이 된다. 이것이 물체의 운동을 해석하는데 사용되는 일과 에너지 정리이다. 계가 외부와 상호작용을 하지 않는 고립계라면 계가 갖는 역학적 에너지가 항상 일정하다는 역학적 에너지 보존 법칙을 통해 물체의 운동을 해석할 수 있는데, 먼저 또 다른 에너지가 정의되어야 한다. 물체에 작용하는 힘이 보존력이라면, 보존력에 의해 물체는 잠재적 에너지를 가지게 된다. 이를 위치 (potential)에너지라 한다. 위치에너지는 보존력에 의해서만 정의되는데, 대표적인 보존력은 중력과 탄성력을 들 수 있다. 이 실험에서는 중력 위치에너지만을 사용하므로 질량 m 인 물체가 갖는 중력 위치에너지는 다음과 같다.

$$U = mgy \tag{6-5}$$

여기서 m은 자동차의 질량, g는 중력가속도, y는 위치에너지가 0 으로 정의된 점에 대하여 상대적인 높이가 된다. 따라서 운동하는 어느 한 순간 자동차가 갖는 역학적 에너지 E는

$$E = K + U = \frac{1}{2}mv^2 + mgy \tag{6-6}$$

이다. 위와 같이 자동차의 총 에너지 E는 운동에너지 K와 위치에너지 U의 합과 같다.

마찰을 무시한다면, 자동차의 총 에너지는 변하지 않는다. 에너지 보존의 법칙은 다음과 같이 말할 수 있다.

$$E = \text{constant} = K_i + U_i = K_f + U_f \qquad (6-7)$$

3 실험 기구 및 장치

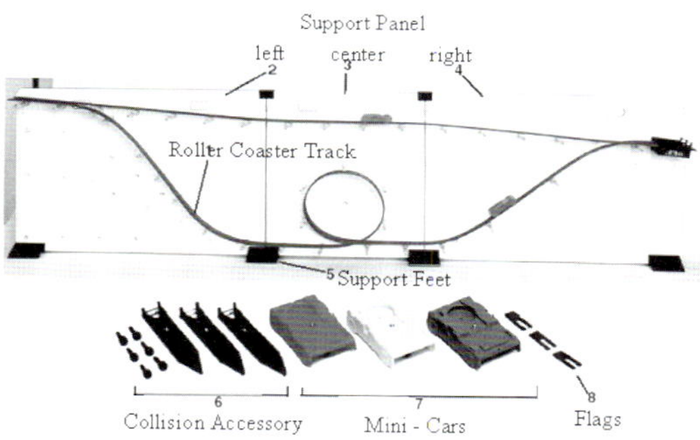

(1) Roller Coaster Complete System(ME-9812)

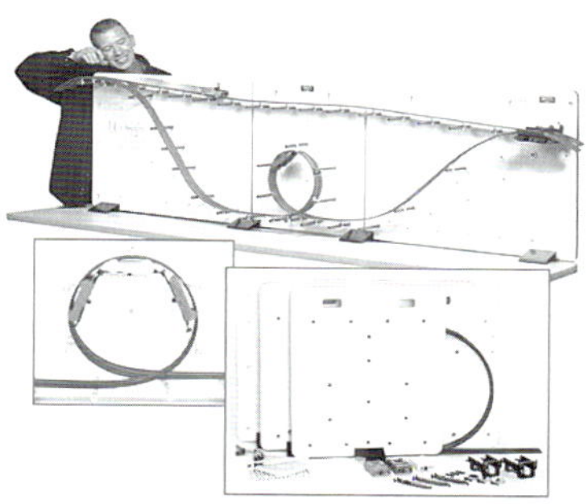

(2) Photogate Heads(ME-9498A)

(3) Smart Timer(ME-8930)

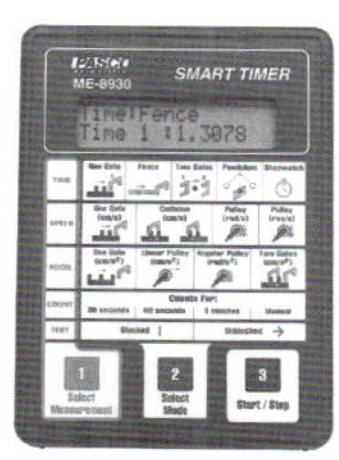

4 실험 방법

A 계단형 실험과정(STEP PROCEDURE)

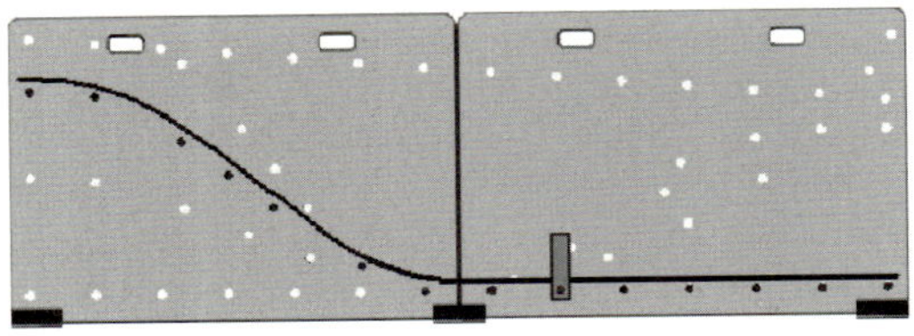

[그림 6-1] 계단 배열(Step Configuration)

1. [그림 6-1]과 같이 트랙을 배치한다. 포토게이트를 아래쪽 직선 트랙 부위에 장착하여, 자동차가 직선 부분에 도달한 직후의 자동차 속도를 측정하도록 위치시킨다 (좌측에서 두번째 못). 또한 직선 트랙의 끝부분에 완충재를 장착해 자동차가 트랙의 끝부분에서 이탈하지 않도록 해준다.
2. 왼쪽에 있는 언덕 꼭대기에 미니 자동차를 놓는다. 자동차를 출발시키는 지점의 높이를 뒤쪽의 화이트보드에 표시를 하고, 미니 자동차의 초기 높이 h_0 를 측정한다. 테이블에서 미니 자동차 질량체의 중심부까지 측정한다. 미니 자동차 질량체의 중심부는 대략 깃발을 꽂은 슬롯의 위치와 비슷하다. 정확한 중심부의 위치는 미니 자동차의 균형을 맞춰서 결정한다.
3. 미니 자동차의 질량 (m)을 측정한다.
4. 미니 자동차를 아래쪽의 직선트랙에 놓고 테이블로부터 자동차의 높이 h1 을 측정한다.
5. 미니 자동차를 꼭대기에 놓고 출발시킨다. 포토게이트와 스마트타이머를 사용하여 직선 트랙에서의 속도 (v)를 측정한다 (velocity 는 one gate 모드로 설정).
6. 위 실험을 3 회 반복하여 평균한다.
7. 미니 자동차의 초기 총 에너지를 계산한다.
8. 미니 자동차의 최종 총 에너지를 계산한다.
9. 얼마만큼의 에너지가 손실되었는가? 손실되었다면 어디로 갔을까?
10. 손실된 총 에너지의 백분율을 계산한다.

$$\%\ 손실율 = \frac{손실된\ 에너지}{초기\ 에너지} \times 100$$

11. 50 g 짜리 질량체를 미니 자동차 위에 놓고 위의 2~8 단계의 과정을 반복한다.

B 언덕형 실험과정(HILL PROCEDURE)

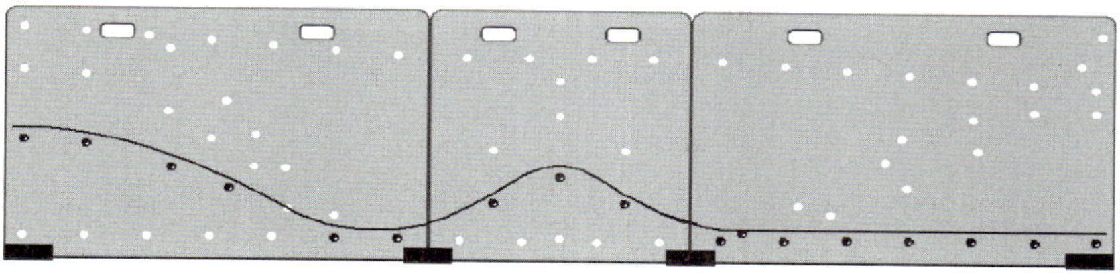

[그림 6-2] 언덕의 배열

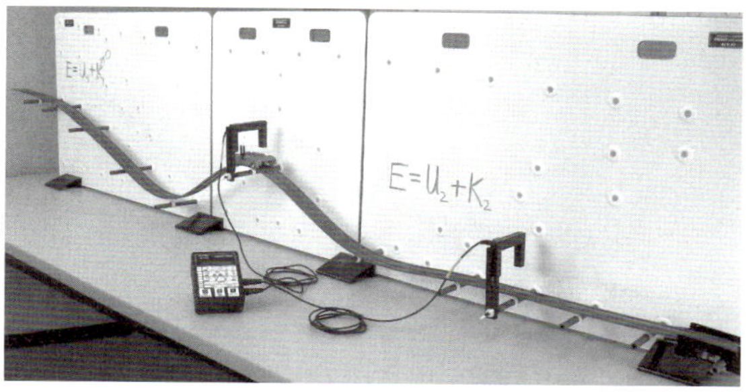

[그림 6-3] 포토게이트와 언덕 트랙

1. [그림 6-2, 6-3]과 같이 트랙을 배열한다. 언덕의 정점과 아래쪽의 직선 트랙에 포토게이트를 장착한다. 또한 직선트랙의 끝부분에 완충재를 장착하여 미니 자동차가 트랙의 끝부분에서 이탈하지 않도록 해준다.
2. 왼쪽의 언덕 꼭대기에 미니 자동차를 놓는다. 미니 자동차를 출발시키는 지점 뒤쪽의 화이트보드에 표시를 하고, 미니 자동차의 초기높이 h_0를 측정한다. 테이블에서 미니 자동차의 중심부까지를 측정한다.
3. 미니 자동차를 중앙의 작은 언덕에 정점에 놓고 자동차의 높이 h1을 측정한다.
4. 미니 자동차를 아래쪽의 직선트랙에 놓고 테이블로부터 미니 자동차의 높이 h2를 측정한다.
5. 미니 자동차를 꼭대기에 놓고 출발시킨다. Velocity 를 2 gate 모드로 설정한 스마트 타이머를 이용하여 언덕 정점의 중앙과 아래쪽 직선 트랙에서의 속도 (각각 v_1 와 v_2)를 측정한다.
6. 위 실험을 3 회 반복하여 평균한다.
7. 미니 자동차의 초기 총 에너지를 계산한다.
8. 언덕 중앙 정점에서 미니 자동차의 총 에너지를 계산한다.
9. 얼마만큼의 에너지가 손실되었는가? 손실되었다면 어디로 갔을까?

10. 손실된 총 에너지의 백분율을 계산한다.

$$\% \text{ 손실율} = \frac{\text{손실된 에너지}}{\text{초기 에너지}} \times 100$$

11. 아래쪽에서 미니 자동차의 총 에너지를 계산한다. 왼쪽의 출발지점과 오른쪽의 최종 지점 사이에서의 총 에너지 손실율을 계산한다.

C 만곡형 실험과정(LOOP PROCEDURE)

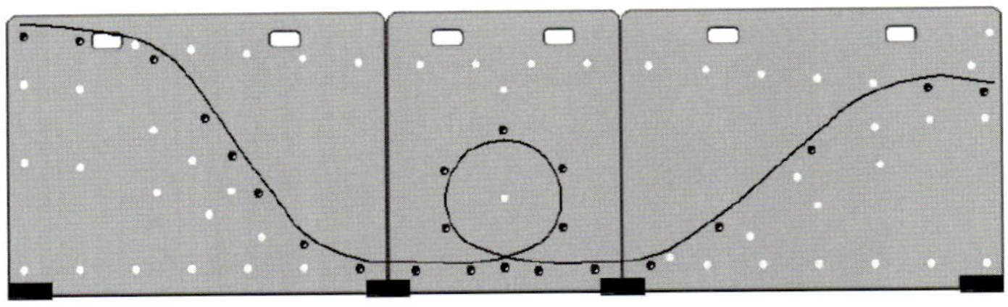

[그림 6-4] 만곡의 설치

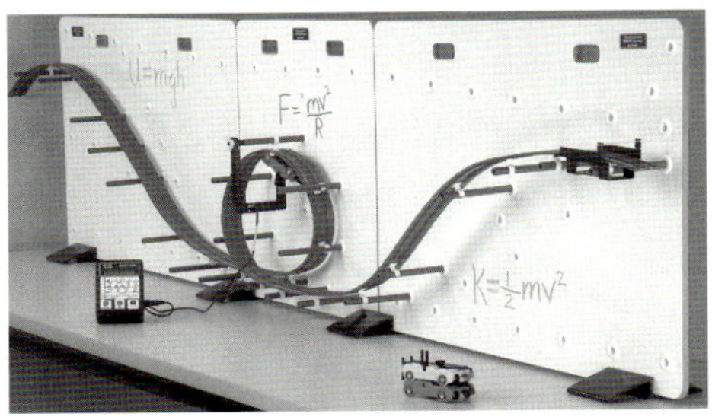

[그림 6-5] 포토게이트의 위치

1. [그림 6-4, 6-5]에서와 같이 트랙을 배열한다. 만곡의 정점에는 포토게이트를 장착한다. 또한 트랙의 끝부분에 완충재를 장착하여 자동차가 트랙의 끝부분에서 이탈하지 않도록 해준다.
2. 만곡의 중앙에 못을 꽂는다. 미니 자동차를 만곡의 정점에 놓고 뒤쪽의 화이트보드에 미니 자동차 질량체의 중앙 위치 표시를 한다. 중앙 못의 중심부에서 만곡의 정점에 있는 미니 자동차의 질량체 중심부까지의 거리 R을 측정한다. ([그림 6-6 참조])

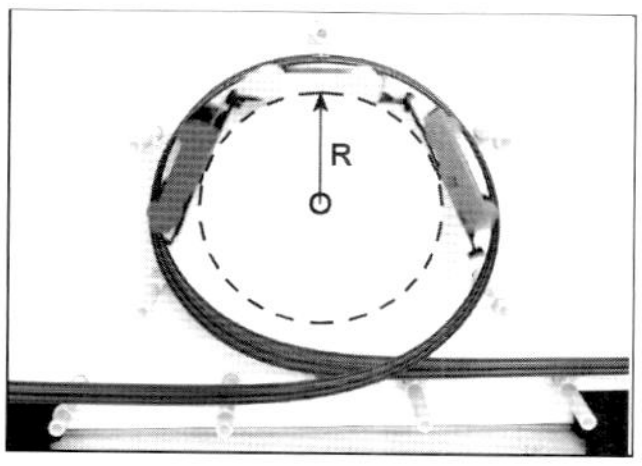

[그림 6-6] 만곡의 반지름

3. 만곡의 정점에 있는 미니 자동차 질량체의 중심에서 테이블까지의 거리 s를 측정한다.
4. 에너지 보존 법칙을 이용하여 자동차가 트랙의 왼쪽 끝에서 출발하여 만곡을 완전히 돌 수 있는 최소 높이를 예측한다.
5. 만곡에 그렸던 원의 상단으로부터 트랙의 왼쪽 언덕 쪽으로 수평선을 그리고, 과정 4에서 계산된 출발위치를 표시한다.
6. 만곡에 표시한 예측 위치에 미니 자동차 질량체의 중심부가 오도록 해 출발시킨다. 만곡을 완전히 돌 수 있는가?

실험 6 에너지 보존 법칙

학 과 :	학 번 :	이 름 :
실험일 :	실험조 :	제출일 :

1. 실험값 및 계산

A 계단형 실험과정

자동차 위 질량 : 0 g

자동차의 초기 높이 (h_0)	1		자동차의 최종 높이 (h_1)	1	
	2			2	
	3			3	
	평균	cm		평균	cm
자동차의 속도 (v)	1		자동차 질량 (m)		g
	2		초기 총에너지 (E_i)		J
	3		최종 총에너지 (E_f)		J
	평균	m/s	손실률		%

자동차 위 질량 : 50 g

자동차의 초기 높이 (h_0)	1		자동차의 최종 높이 (h_1)	1	
	2			2	
	3			3	
	평균	cm		평균	cm
자동차의 속도 (v)	1		자동차 질량 (m)		g
	2		초기 총에너지		J
	3		최종 총에너지		J
	평균	m/s	손실률		%

B 언덕형 실험과정

자동차의 초기 높이 (h_0)	1		자동차의 정점에서 높이 (h_1)	1	
	2			2	
	3			3	
	평균	cm		평균	cm
자동차의 최종 높이 (h_2)	1		정점에서 자동차 속도 (v_i)	1	
	2			2	
	3			3	
	평균	cm		평균	cm
최종 자동차 속도 (v_f)	1		자동차 질량 (m)		g
	2		초기 총에너지		J
	3		정점 총에너지		J
	평균	m/s	최종 총에너지		J
최종 손실률		%	최종 손실률		%

C 만곡형 실험과정

자동차 질량 (m)	g	만곡에서 에너지	위치 에너지	J
자동차의 무게	N		운동 에너지	J
만곡의 반경 (R)	cm		총 에너지	J
Table 까지 거리 (s)	cm	예상 높이		cm
논 의				

2. 실험 결과 및 토의

실험 7

운동량 보존 법칙

1 실험 목적

각기 다른 질량의 다이나믹 카트를 이용하여 탄성, 비탄성충돌 실험을 한다. 탄성충돌 실험에는 자석 완충장치를 사용하고 완전 비탄성충돌실험에는 Velcro@ 완충장치를 사용한다. 두 경우 운동량이 보존되는지를 알아본다.

2 이론 및 원리

질량 m의 물체가 운동하는 경우 물체의 운동을 나타내는 운동량은 물체의 질량 m과 물체의 속도 $\vec{v}$에 의해 정의된다.

$$\vec{p} = m\vec{v} \tag{7-1}$$

운동량의 방향은 속도의 방향과 같다. 질량이 변하지 않을 때, 운동량의 시간 변화율을 취하면 뉴턴의 운동 법칙이 표현된다.

$$\frac{d\vec{p}}{dt} = \frac{d(m\vec{v})}{dt} = m\frac{d\vec{v}}{dt} = m\vec{a} = \vec{F} \tag{7-2}$$

2 개 이상의 물체로 이루어진 계라면 계의 전체 운동량은 각 물체가 갖는 운동량의 벡터합으로 표현된다.

$$\vec{P} = \overrightarrow{p_1} + \overrightarrow{p_2} + \cdots + \overrightarrow{p_N} = \sum \overrightarrow{p_i} \tag{7-3}$$

물체가 충돌하는 경우 운동량은 항상 일정하게 보존된다. 이를 운동량 보존법칙이라고 한다. 즉, 계에 작용하는 알짜 외력이 0이면, 계의 총 운동량은 일정하다. 따라서, 순수한 충돌이 일어 나는 동안, 두 카트로 이루어진 계 (system)의 총 운동량은 외부에서 가해지는 알짜 힘이 0이므로 보존된다. 이는 충돌 직전의 총 운동량이 충돌 직후의 총 운동량과 같음을 의미한다. 만일 한 카트의 운동량이 감소한다면, 다른 카트의 운동량은 같은 양으로 증가한다. 이는 어떠한 충돌의 경우라도 마찬가지이며, 총 에너지가 보존되지 않는 경우조차도 운동량 보존법칙은 성립된다. 운동량 보존의 법칙은 다음과 같이 설명할 수 있다.

$$\overrightarrow{P_i} = \overrightarrow{P_f},$$
$$\overrightarrow{p_{1i}} + \overrightarrow{p_{2i}} = \overrightarrow{p_{1f}} + \overrightarrow{p_{2f}} \quad (7-4)$$

카트의 총 에너지 또한 질량과 속도에 좌우되지만, 총 운동에너지는 스칼라이다. 카트 하나의 운동에너지는

$$K = \frac{1}{2}mv^2 \quad (7-5)$$

으로, 두 카트 계의 총 운동 에너지는 개개의 카트의 운동 에너지의 합으로 구할 수 있다.

3 실험 기구 및 장치

(1) 2.2m PAScar 다이나믹 시스템(ME-6956)

(2) 다이나믹 트랙 마운트(CI-6692)

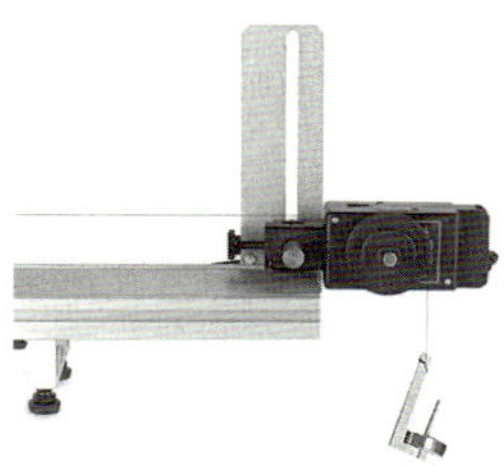

(3) S/IDS 어댑터(ME-6569)

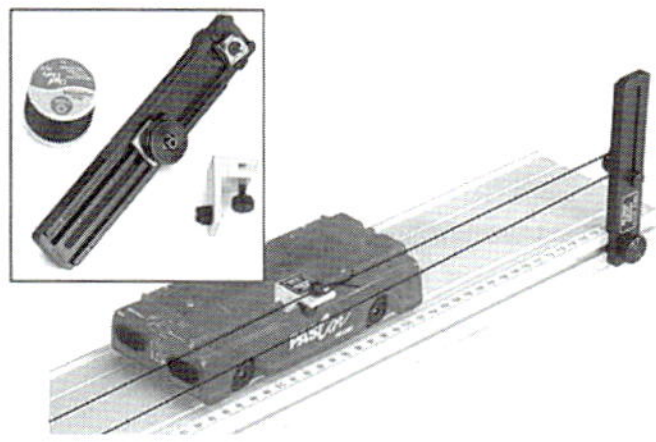

(4) 회전 운동 센서(CI-6538)

4 실험 Setup

[그림 7-1] 셋업

[참고] 위 그림은 1.2m 트랙이고, 2.2m 트랙에는 그림 2 와 같이 수평조절대가 포함되어 있다.

1. 수평조절대의 나사를 이용하여 트랙의 수평을 맞춘다. 트랙에 카트를 올려 놓았을 때, 움직이지 않아야 한다.
2. [그림 7-1]과 같이 셋업한다. 빨간색 카트와 파란색 카트를 하나씩 사용하면 카트들을 구별하기가 용이하다. 스트링 브라켓을 사용하여 각 카트에 가는 줄을 연결한다([그림 7-3] 참조). 실을 회전운동센서의 가장 큰 도르래에 감은 다음, 트랙 다른 쪽 끝의 작은 도르래에 감은 후, 다시 카트의 스트링 브라켓에 되감는다([그림 7-4] 참조). 실을 너무 팽팽하게 연결하면 안되며, 카트가 움직일 때 회전 운동 센서 도르래가 충분히 돌 수 있을 정도면 충분하다.

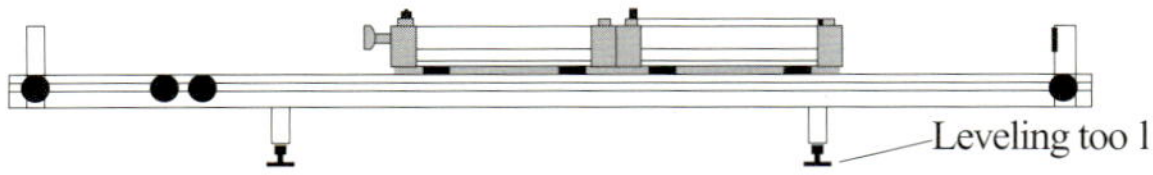

[그림 7-2] 수평조절대를 부착한 2.2m 트랙

[그림 7-3] 카트에 실 연결하기

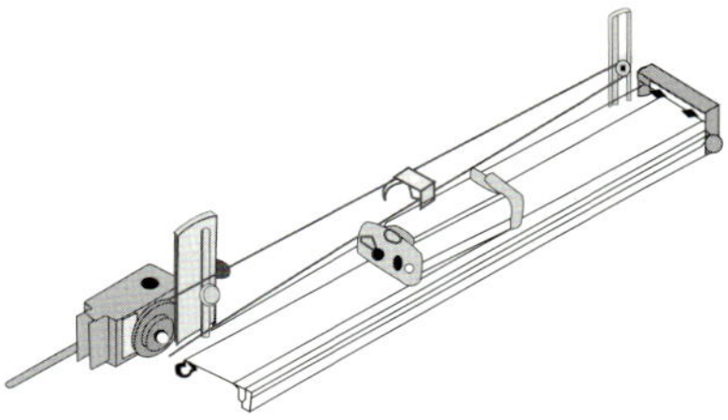

[그림 7-4] 도르래에 실 연결하기

3. 컴퓨터의 데이터스튜디오를 실행시켜서 "Momentum" 파일을 연다.
4. 빨간색 카트에 부착되어 있는 회전운동센서를 750 인터페이스의 채널 1과 2에 꽂고, 파란색 카트에 부착되어 있는 회전운동센서는 채널 3 과 4 에 꽂는다. 노란색과 검정색을 바꿔 끼면 양의 (positive) 속도의 방향이 바뀌게 된다.

5 실험 방법

Ⅰ. 폭발

A 질량이 같은 카트

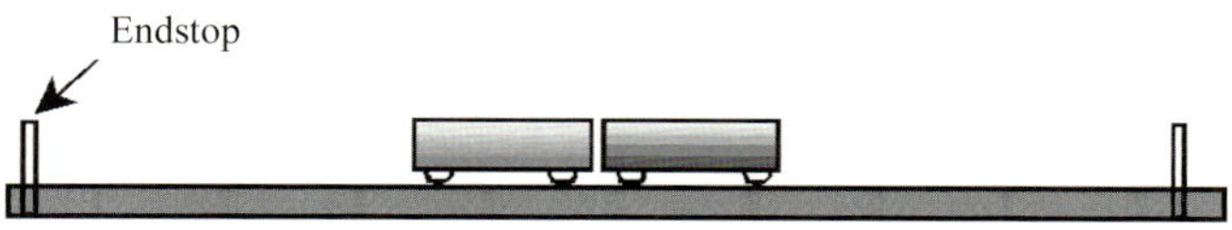

[그림 7-5] 질량이 같은 카트 설치

1. 저울을 사용하여 각 카트의 질량 (m_1, m_2)을 측정한다. 각 카트의 스트링 브라켓도 포함하여 측정한다.
2. 한 카트의 플런저를 완전히 누른다. 어느 카트의 플런저가 눌러져 있는 것이 문제가 되는가? 카트 두 개를 트랙위에 서로 붙여서 놓는다.

플런저

3. "Momentum.ds" 파일을 불러온다.
4. 컴퓨터 상의 "START"를 클릭하고, 발사를 눌러서 카트를 발사 시킨다.
5. "STOP"을 클릭한다.
6. 컴퓨터 상의 속도 대 시간의 그래프를 사용하여, 폭발 직후 빨간색 카트의 속도 (v_1)를 알아 낸다. 도트를 클릭하고 드래그하여 하이라이트시키면, 그 데이터 점은 표에서 밝게 불이 들어온다. 이런 방법이 그래프 없이 속도를 읽는 것 보다 더 용이하다. 또한, 그래프를 확장 시키고 관심 있는 부분을 알아보는 데에도 도움이 된다.
7. 5 단계를 반복하여 충돌 후 파란색 카트의 속도 (v_2)도 알아낸다.
8. 폭발 후 각 카트의 운동량을 계산한다.
9. 두 카트는 모두 충돌 전 멈춰 있기 때문에 총 운동량은 0 이다. 만일 두 카트가 모두 움직인다면 충돌 후에도 두 카트의 총 운동량이 0 이 되는 것일까? [힌트] 운동량은 벡터이다.
10. 폭발 전, 후의 총 운동량은 어떻게 비교할까? 숫자를 0 과 비교하기 어렵기 때문에 폭발 후 카트들의 운동량을 비교한다. 운동량은 같거나 서로 정반대일 것이다. 백분율 오차를 계산한다.

$$\%\text{오차} = \frac{p_{\text{전}} - p_{\text{후}}}{p_{\text{전}}} \times 100\%$$

B 질량이 다른 카트

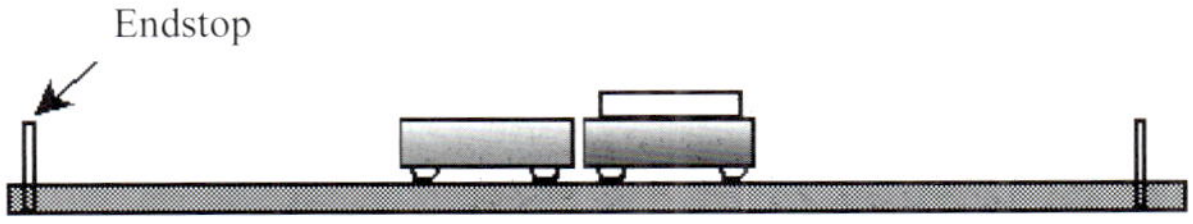

[그림 7-6] 질량이 다른 카트 설치

1. 저울을 이용하여 두 개의 질량 막대의 질량 (m_1', m_2')을 알아내고, 그것들을 파란색 카트에 올려 놓는다. Part A 의 2~9 단계를 반복한다.
2. 질량이 다른 카트의 경우, 폭발 후의 각 카트의 운동에너지를 계산한다.

3. 폭발 후 두 카트의 운동에너지는 같은가? 같아야 하는가?
4. 카트의 운동에너지는 어디에서 기인한 것일까? 누가 플런저에서 민 것일까? 그것들은 일을 한 것일까? 얼마나 한 것일까?
5. 총과 총알의 운동량은 같지만 그것들의 에너지는 같지 않다. 총알과 반동하는 총의 에너지 중 어느 것이 더 클까?

Ⅱ. 정성 충돌

다음의 각 충돌의 경우에 대해 충돌 전과 후 도표를 그린다. 운동 방향을 나타내는 속도 화살표를 가진 각 카트들을 보여준다. 또한 운동량의 방향과 대략의 값을 나타내는 카트들 각각에 대해 운동량 화살표를 그린다. 아래에 보기가 주어져 있다. 컴퓨터를 이용하여 대략의 속도를 구하는 것이 유용할 수도 있으나, 어떠한 측정값도 기록하거나 계산할 필요는 없다.

A

Velcro 완충장치가 붙은 같은 질량의 카트를 사용하면 두 카트는 서로 붙을 것이다. 이는 전적으로 비탄성충돌이다. 플런저가 눌러지게 해야 할 것이다([그림 7-7] 참조).

[그림 7-7] 비탄성 충돌의 Velcro 완충장치

1. 카트 #2 는 대기 위치에 있고, 카트 #1 는 카트 #2 를 향해 속도를 낸다.

[그림 7-8] 충돌 전, 충돌 후

2. 카트 #1 과 카트 #2 는 같는 속도로 서로를 향해 움직인다.

질문 : 만일 두 카트가 같은 속도로 충돌한다면, 두 카트의 최종 속도는 0 이 될 것이므로, 최종 운동 에너지는 0 이 될 것이다. 에너지는 어디로 간 것일까?

3. 카트 #1 과 카트 #2 는 모두 오른쪽 방향으로 움직인다. 카트 #1 의 속도는 카트 #2 보다 더 크다.

B 카트 #1 에 질량 막대를 올려놓고 위의 Part 1~3 의 충돌 실험을 반복한다.

C 자석 완충장치를 가진 같은 질량을 가진 카트를 사용하여 서로 충돌시키면 두 카트는 서로 반발하여 탄성충돌이 될 것이다([그림 7-9 참조]). 위의 Part 1~3 의 충돌 실험을 반복한다.

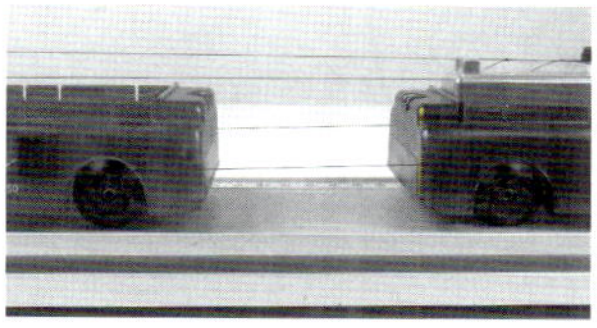

[그림 7-9] 탄성 충돌의 자석 완충장치

D 카트 #1 에 질량 막대를 올려 놓고, 위의 Part 1~3 의 충돌 실험을 반복한다.

Ⅲ. 정량 충돌

1. 같은 질량의 카트에 대해 Part Ⅱ의 1 번 충돌 실험을 실시한다. "START"를 클릭하여 충돌을 실시하고 "STOP"을 클릭한다.
2. 컴퓨터 상의 속도 대 시간의 그래프를 사용하여, 충돌 전, 후 카트 #1 의 속도를 알아낸다(도트를 클릭하고 드래그하여 하이라이트시키면, 그 데이터 점은 표에서 밝게 불이 들어온다. 이런 방법이 그래프 없이 속도를 읽는 것 보다 더 용이하다. 또한, 그래프를 확장시키고 관심 있는 부분을 알아보는 데에도 도움이 된다.).
3. 카트 #2 의 초기 속도와 최종 속도는 어떠한가?
4. 각 카트의 질량을 측정한다. 질량 측정 시 어느 카트인지 혼동하지 않도록 한다! 충돌 전, 후의 두 카트의 총 운동량을 계산한다.
5. 백분율 오차를 계산하여 이들을 비교한다.

$$\%\text{오차} = \frac{p_{\text{전}} - p_{\text{후}}}{p_{\text{전}}} \times 100\%$$

6. 충돌 전, 후의 카트들의 운동 에너지를 계산한다. 에너지는 어디로 간 것일까?
7. 질량이 다른 카트에 대해 Part Ⅱ 1 번 충돌의 A~E 단계를 반복한다.

Ⅳ. 운동량과 에너지

1. "운동량과 에너지(Momentum Energy.ds)"라는 프로그램 파일을 연다.

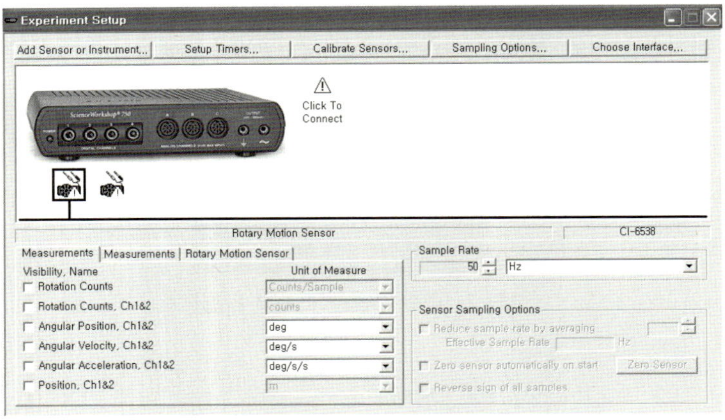

[그림 7-10] Datastudio 화면

2. 질량이 다른 카트들에 대해, 카트의 질량 (kg)을 데이터스튜디오 프로그램의 계산기에 입력한다. 질량이 다른 카트들에 대해 비탄성충돌실험 (Part Ⅱ, #1)을 반복한다.
3. 총 운동량 그래프는 어떤 모양을 띄고 있을까? 어디에서 충돌이 일어났는지 말해 볼 수 있는가? 총 운동에너지 그래프는 어떤 모양일까? 이 그래프들로부터, 운동에너지 는 보존되지 않음에도 불구하고 왜 우리는 충돌 시 운동량이 보존된다고 말할 수 있는 것일까?
4. 자석 완충장치를 사용하여 충돌 실험을 반복하고 이 탄성 충돌에 대해 Part Ⅱ의 질문 C에 답해 본다.

실험 7 운동량 보존 법칙

학 과 : 학 번 : 이 름 :
실험일 : 실험조 : 제출일 :

1. 실험값 및 계산

Ⅰ. 폭발

A 같은 질량의 카트

빨간색 카트			파란색 카트		
질량		g	질량		g
빨간색 카트 속도	1		파란색 카트 속도	1	
	2			2	
	3			3	
	4			4	
	5			5	
	평균	m/s		평균	m/s
운동량		kg · m/s	운동량		kg · m/s
총 운동량		kg · m/s	오차		%

B 질량이 다른 카트

빨간색 카트			파란색 카트		
질량		g	질량		g
속도	1		속도	1	
	2			2	
	3			3	
	4			4	
	5			5	
	평균	m/s		평균	m/s
운동량		kg · m/s	운동량		kg · m/s
운동에너지		J	운동에너지		J

Ⅱ. 정성 충돌

논의

Ⅲ. 정량 충돌

A 비탄성 충돌(같은 질량)

빨간색 카트			파란색 카트		
질량		g	질량		g
충돌 전 속도	1		충돌 전 속도	1	
	2			2	
	3			3	
	평균	m/s		평균	m/s
충돌 후 속도	1		충돌 후 속도	1	
	2			2	
	3			3	
	평균	m/s		평균	m/s
충돌 전 총운동량		kg · m/s	충돌 후 총운동량		kg · m/s
충돌 전 운동에너지		J	충돌 후 운동에너지		J

B 탄성충돌(다른 질량)

빨간색 카트 질량			파란색 카트		
질량		g	질량		g
충돌 전 속도	1		충돌 전 속도	1	
	2			2	
	3			3	
	평균	m/s		평균	m/s
충돌 후 속도	1		충돌 후 속도	1	
	2			2	
	3			3	
	평균	m/s		평균	m/s
충돌 전 총운동량			충돌 후 총운동량		
충돌 전 운동에너지			충돌 후 운동에너지		

Ⅳ. 운동량과 에너지

A 비탄성충돌(같은 질량)

속도와 시간 Graph

총 에너지와 시간 Graph

논의

B 탄성충돌(다른 질량)

속도와 시간 Graph

총 에너지와 시간 Graph

논의

2. 실험 결과 및 토의

실험 8

회전관성

1 실험 목적

물체를 회전장치를 통해 중력의 일정한 힘으로 회전시키고, 에너지보존을 이용하여 물체의 회전관성 (관성모멘트)을 측정한다.

2 이론 및 원리

강체는 그 계에 속하는 입자가 항상 같은 상대적인 위치를 유지하는 물체를 말한다. 이러한 강체의 회전에너지에 대해 생각해 보자. 회전에너지는 물체의 질량 외에 모양과 크기에 따라 다르게 되는데 이와 같이 회전에너지를 설명할 때 회전관성이라는 물리량을 사용하면 편리하다. 직선운동의 경우 물체의 질량이 관성의 역할을 하는데 회전운동의 경우 바로 이 회전관성이 관성의 역할을 한다. 질량이라는 물리량이 있어 직선운동의 기술이 편리해진 것처럼 회전운동의 경우 회전관성의 정의로 인해 회전운동의 기술이 편리해진다.

n 개의 질점으로 구성된 강체가 고정 축 주위를 각속도 ω로 회전하면, 총 운동에너지 K는

$$K = \frac{1}{2}(\sum m_i r_i^2)\omega^2 = \frac{1}{2}I\omega^2 \tag{8-1}$$

이다. 여기서 I는 아래와 같이 정의된 양으로 관성모멘트라 한다.

$$I = \sum m_i r_i^2 \tag{8-2}$$

여기서 r_i는 회전축으로부터의 거리이다. 연속적인 질량분포의 경우에는 다음과 같다.

$$I = \int r^2 \, dm \tag{8-3}$$

임의의 축 주위의 강체의 회전관성 I와, 질량 중심을 통하고 이 축과 평행한 축에 관한 회전관성 I_{cm} 사이에는 평행축 정리라는 다음의 관계가 성립한다.

$$I = I_{cm} + Mh^2 \tag{8-4}$$

여기서 M은 강체의 총 질량이고, h는 두 축 사이의 거리이다.

[그림 8-1]과 같이 질량 m인 추가 도르래와 실을 통해 회전장치에 연결되어 있는 경우를 생각해 보자. 추가 정지상태로부터 시간 t동안에 h만큼 떨어지면서 원판을 회전시키면 에너지 보존 법칙에 의해 다음의 관계가 성립한다.

$$mgh = \frac{1}{2}mv^2 + \frac{1}{2}I\omega^2 \tag{8-5}$$

또한 추는 가속도 a의 등가속도 운동을 하므로 추가 h만큼 내려왔을 때의 속도를 v, 회전축의 반경을 R이라 하면 다음의 관계가 성립한다.

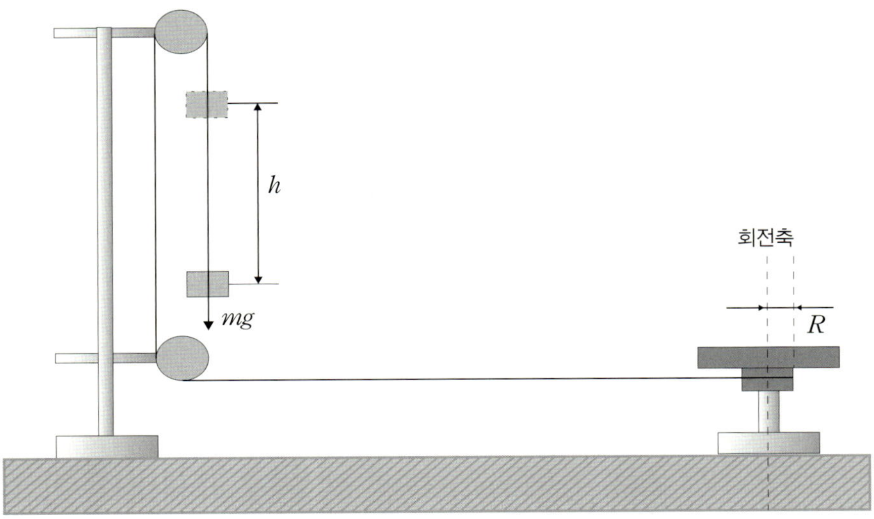

[그림 8-1] 관성모멘트 장치

$$h = \frac{1}{2}at^2 \tag{8-6}$$

$$v = at$$

$$\omega = \frac{v}{R} \tag{8-7}$$

(8-8)

따라서 관성모멘트 I는 가속도 a를 측정하여 다음과 같이 구할 수 있다.

$$I = \frac{mR^2}{a}(g - a) \tag{8-9}$$

3 실험 기구 및 장치

(1) I-CA system

(2) 스크린

(3) 관성모멘트 실험장치와 고정용 클램프

(4) 버어니어캘리퍼스

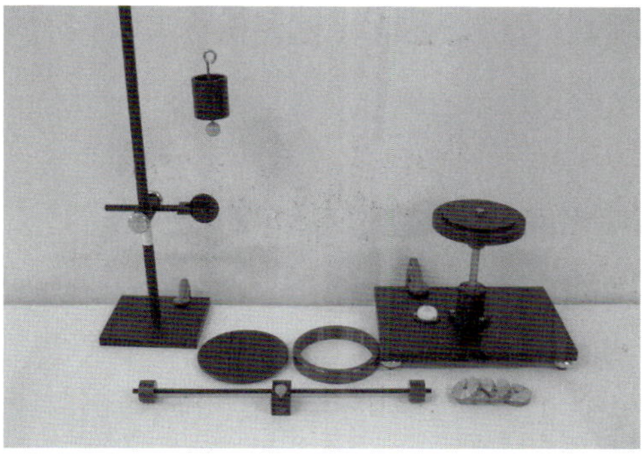

[그림 8-2] 실험 장치

4 실험 방법

1. [그림 8-2]와 같이 테이블에 스크린을 설치하고, 관성모멘트 실험장치를 설치한다. 실이 풀리는 회전면과 도르래, 실, 낙하추는 모두 한 평면에 있어야 한다. 추가 가장 낮은 위치에 있을 때 도르래와 충돌하지 않는 범위에서 낙하거리가 긴 쪽이 실험에 유리하다. 모든 장치는 운동시 이동이나 진동이 없도록 단단히 고정시켜야 한다.

2. 일정한 거리를 두고 운동면과 수직이 되게 카메라를 위치시켜, I-CA 시스템을 설치한다. 캡쳐되는 영상을 통해 실험이 최대한 잘 관찰되도록 줌이나 밝기 등을 조절한다.
3. 운동면에 기준자를 위치시키고, 동영상을 캡쳐하여 스케일 및 좌표계를 선정한다.
4. 먼저 회전장치 자체의 관성모멘트를 결정한다. 아무것도 설치되지 않는 상태에서 추걸이에 추를 넣고 실을 감아 올리고 추를 최대한 안정화시킨 후, 가만히 놓아 회전운동을 시킨다. 이때 추가 낙하하는 과정을 동영상으로 촬영한다.
   추의 질량은 가속도 측정 및 회전장치의 마찰을 감안, 무거운 쪽이 유리하고 실제 실험에서는 200~300 g 정도가 적당하다.

실험의 정확성을 위하여 기존의 회전장치보다
회전장치 자체의 관성모멘트를 대폭 감량하였다.

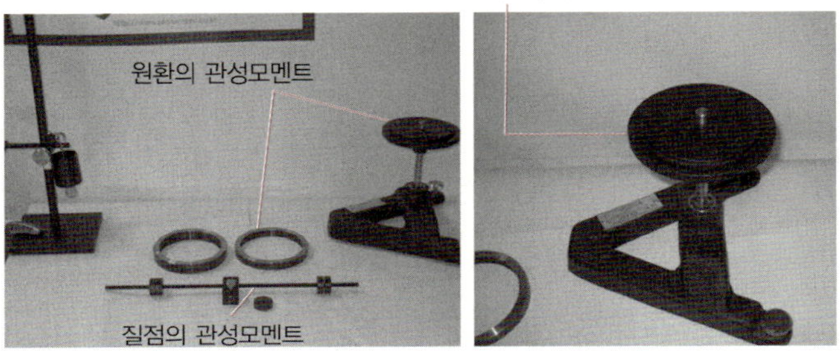

[그림 8-3] 관성모멘트 실험 장치 설치 장면과 구성

5. 분석메뉴를 실행하고 위에서 캡쳐한 파일을 불러와 분석을 시작한다. 분석은 피사체의 수를 1 로 하고 T-Y 그래프의 2 차함수를 통해 낙하거리가 t 의 2 차함수로 주어지는지 확인하고 추세선을 통해 가속도 a 를 구한다.

   [주의] 분석 시 추가 낙하하는 시점을 정확히 잘 잡아야 좋은 결과를 얻을 수 있다.
6. 동일한 실험을 3 회 반복하여 평균 가속도를 구한다.
7. 회전장치에 각각 원판 (disk), 원환 (ring)을 올려 놓고 동일한 방법에 의해 각 물질이 올려졌을 때의 가속도를 구한다.
8. 마찬가지로 질점의 관성모멘트를 구한다. 먼저 질점회전장치 자체만의 가속도를 구하고, 임의의 위치에 두 질점이 좌우 대칭이 되도록 위치시키고 이 상태에서의 가속도를 구한다.
9. 버어니어캘리퍼스를 이용 회전반경, 원환의 내외경, 회전중심에서 질점 사이의 거리를 구하고, 저울을 이용 추와 추걸이의 질량 및 각 실험체의 질량을 측정하다. 각 실험체의 재원과 측정된 가속도를 가지고 식 (8-9)를 통해 실험체들의 관성모멘트를 구한다.

실험 8 회전관성

학 과 :	학 번 :	이 름 :
실험일 :	실험조 :	제출일 :

1. 실험값 및 계산

실험 1. 회전장치의 회전관성 결정

추와 추걸이의 질량 m (g)		회전축의 반경 R (cm)		
구분	1 회	2 회	3 회	평균
추세선식				
가속도 a $(\mathrm{cm/s^2})$				
회전관성 $I_t = (\mathrm{g \cdot cm^2}) = mR^2(g-a)/a$				

실험 2. 원환 (ring)의 회전관성 측정

추와 추걸이의 질량 m (g)		회전축의 반경 R (cm)		
원환의 질량 (g)		원환의 질량 (g)		원환의 질량 (g)
구분	1 회	2 회	3 회	평균
추세선식				
가속도 a $(\mathrm{cm/s^2})$				
총 회전관성 $I_t = (\mathrm{g \cdot cm^2}) = mR^2(g-a)/a$				
원환의 회전관성 $(\mathrm{g \cdot cm^2})$	이론값		측정값	
오차 (%)				

실험 3. 원판 (disk)의 회전관성 측정

추와 추걸이의 질량 m(g)		회전축의 반경 R(cm)		
원판의 질량 (g)		원판의 질량 (g)		
구분	1 회	2 회	3 회	평균
추세선식				
가속도 a (cm/s^2)				
총 회전관성 $I_t = (\mathrm{g\cdot cm^2}) = mR^2(g-a)/a$				
원판의 회전관성 (g·cm^2)	이론값		측정값	
오차 (%)				

실험 4. 질점회전장치의 회전관성 결정

추와 추걸이의 질량 m(g)		회전축의 반경 R(cm)		
구분	1 회	2 회	3 회	평균
추세선식				
가속도 a (cm/s^2)				
총 회전관성 $I_t = (\mathrm{g\cdot cm^2}) = mR^2(g-a)/a$				

실험 5. 질점의 회전관성 측정

추와 추걸이의 질량 m(g)		회전축의 반경 R(cm)		
질점의 질량 (g)		중심에서 질점사이의 거리 (cm)		
구분	1 회	2 회	3 회	평균
추세선식				
가속도 a (cm/s^2)				
총 회전관성 $I_t = (\mathrm{g\cdot cm^2}) = mR^2(g-a)/a$				
원환의 회전관성 (g·cm^2)	이론값		측정값	
오차 (%)				

2. 실험 결과 및 토의

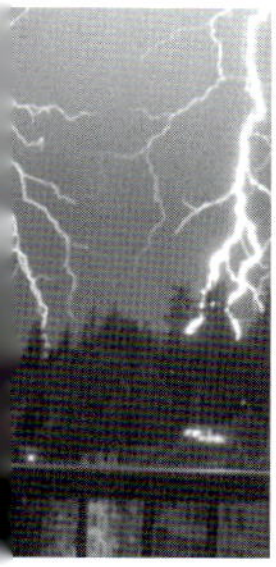

실험 9

자이로스코프

1 실험 목적

각 운동을 하는 회전판의 운동을 관찰 분석하여 관성모멘트를 측정하고 비교하며, 자전하는 자이로스코프에 작용하는 중력이 자전 각운동량 벡터를 수직 축 주위로 회전하는 운동 즉, 세차 운동을 발생시키는 것을 이해하며 이론적으로 계산된 세차 운동의 각속도를 실험 결과와 비교 및 확인한다.

2 이론 및 원리

A 회전판의 관성모멘트

토크는 힘 $\vec{F}$에 의해 회전축 주위로 물체를 돌거나 비틀게 하는 작용이다. 힘 $\vec{F}$가 축에 대해 위치벡터 $\vec{r}$ 만큼 떨어진 점에 작용하면 토크의 크기는 다음과 같다.

$$\tau = rF_{\mathrm{t}} = r_{\perp}F = rF\sin\phi \tag{9-1}$$

여기서 F_t는 $\vec{r}$에 수직한 $\vec{F}$의 성분이고 ϕ는 $\vec{r}$과 $\vec{F}$ 사이의 각도이다. $r_{\perp}$이란 양은 회전축과 벡터 $\vec{F}$를 지나는 연장선 사이의 수직거리이다. 이 선을 $\vec{F}$의 작용선이라고 하고 $r_{\perp}$을 $\vec{F}$의 모멘트팔이라고 한다. 마찬가지로 r은 F_t의 모멘트팔이다.

토크의 SI 단위는 $N\cdot m$이다. 토크 τ는 이로 인해 정지한 물체를 반시계방향으로 회전시키려고 하면 양수이고, 시계방향으로 회전시키려고 하면 음수이다.

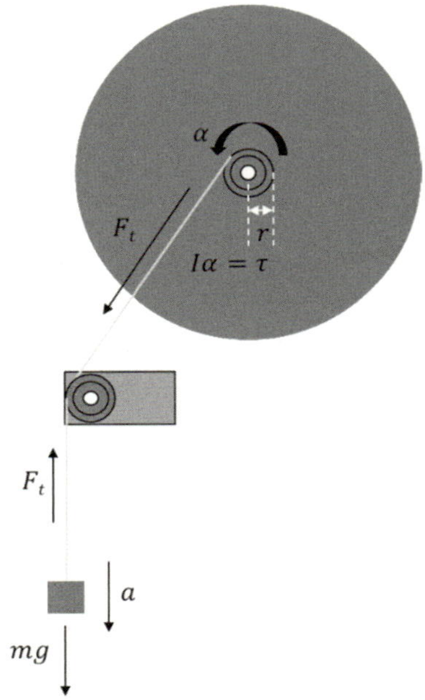

[그림 9-1] 토크에 의해 회전운동하는 디스크

[그림 9-1]과 같은 회전디스크를 상상해보자.

$\tau = I\alpha$이므로 $I = \frac{\tau}{\alpha}$이다. 여기서 α는 각 가속도이며, 이것은 $\frac{a}{r}$과 같고, τ는 디스크에 감긴 줄에 매달린 추에 의해 유발된 토크 $\tau = rF_t$이다. 여기에서 r는 이 감겨진 축의 반지름이며 F_t는 줄의 장력이다. 매달린 추에 뉴턴의 제 2 법칙을 적용하면, 다음 식과 같이 정리된다.

$$\sum F = mg - F_t = ma \tag{9-2}$$

줄의 장력을 얻으면 $F = m(g - a)$이다. 따라서 추 (m)의 선 가속도가 결정되었으면, 회전 관성의 계산을 위해 토크와 각 가속도를 얻을 수 있다. 각 가속도를 구하면 회전디스크의 관성모멘트를 구할 수 있다.

B 세차운동

자이로스코프란 각 운동량 보존의 원리에 근거하여 방향을 측정하거나 유지하기 위한 장치이다. 자이로스코프는 축이 어느 방향으로든지 놓일 수 있는 회전하는 바퀴이다. 자이로스코프가 빠르게 회전할 때에, 외부에서 토크 (torque, 돌림 힘)가 주어졌을 때 그 방향이 회전에 의한 각 운동량 (angular momentum)에 의해 회전하지 않을 때보다 훨씬 적게 변화하게 된다. 자이로스코프는 수평 유지 장치에 놓이게 되면 외부의 토크는 최소화되며, 장착된 받침이 움직이더라도 그 방향은 거의 고정되게 된다.

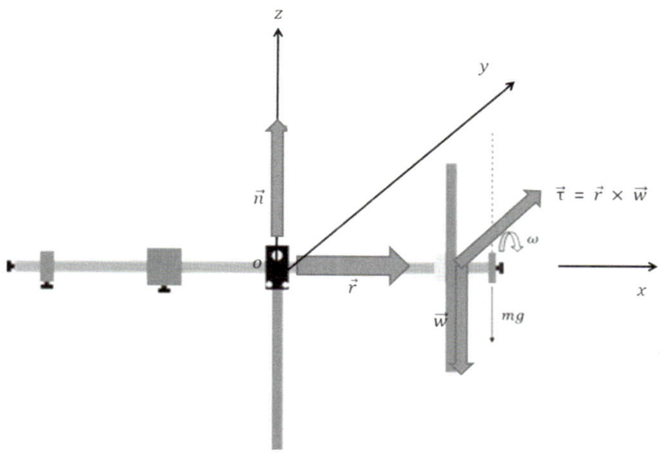

[그림 9-2] 수평 자이로스코프에 토크 적용

자이로스코프에 작용하는 외력은, 원점 O에 작용하는 법선 방향의 힘 $\vec{n}$과, 원점 O에서 r 만큼 떨어진 회전 디스크의 질량중심에 작용하는 무게 $\vec{w}$ 이다. $\vec{n}$에 의한 토크는 0이며, 무게 $\vec{w}$에 의한 토크 $\vec{\tau} = \vec{r} \times \vec{w}$가 y 축 방향으로 작용한다. 회전 디스크가 회전하지 않을 때, 최초 각 운동량은 $L_I = 0$ 이다. 시간 dt 후 회전 디스크의 각운동량의 변량 $d\vec{L}$은

$$\frac{d\vec{L}}{dt} = \vec{r} \times m\frac{d\vec{v}}{dt} = \vec{r} \times \vec{F} = \vec{\tau} \tag{9-3}$$

로부터 다음과 같이 유도할 수 있다.

$$d\vec{L} = \vec{\tau}dt \tag{9-4}$$

$d\vec{L}$은 토크 $\vec{\tau}$와 동일한 y 축 방향이다. 작용하는 토크의 방향이 항상 일정하므로, 시간 dt가 경과할 때 마다 y 축 방향으로 $d\vec{L}$이 더해지며 각운동량 $\vec{L}$이 지속적으로 증가한다. 즉, 회전 디스크가 회전하지 않을 때에는, 자이로스코프가 바닥에 닿을 때까지 y 축을 중심으로 점점 빠르게 회전하며 떨어진다.

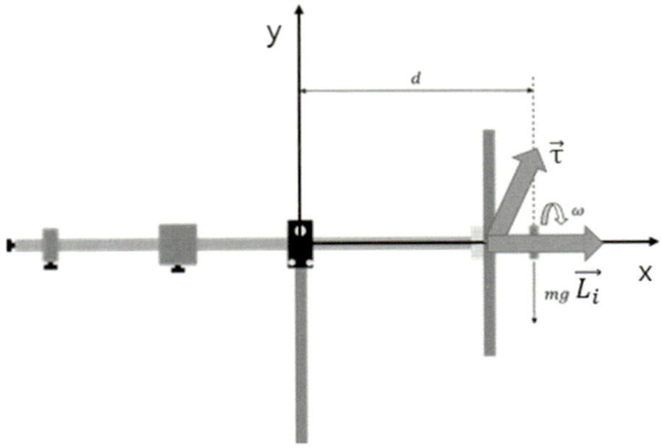

[그림 9-3] 수평 자이로스코프에 토크 적용 2

회전 디스크가 회전하고 있을 때에는 그림 5(a)와 같이 자이로스코프의 회전축 방향으로 초기 각운동량 $\vec{L}_t$이 존재한다. 회전 디스크에 작용하는 토크 $\vec{\tau} = \vec{r} \times \vec{F}$가 회전축에 수직이므로 순간 각운동량의 변량 $d\vec{L}$은 $\vec{L}_t$와 수직이다. 시간 dt가 경과한 후 각운동량은 $\vec{L} + d\vec{L}$이 된다. 그 결과, $\vec{L}$의 크기는 변하지 않고 방향이 바뀐다. $d\vec{L}$의 방향이 항상 xy 평면 위에 있으므로 $\vec{L} + d\vec{L}$도 xy 평면 위에 있다. 따라서, 아래쪽 방향으로 힘 $\vec{w}$가 작용하면, 회전축은 아래로 떨어지지 않고 xy 평면 상에서 세차운동을 하게 된다. 시간 dt 동안 자이로스코프 회전축이 움직인 각도는, 그림 4 과 같이 $dt = |d\vec{L}|/|\vec{L}|$ 이다. 따라서 자이로스코프의 세차각속도 Ω는 다음과 같다.

$$\Omega = \frac{d\Phi}{dt} = \frac{|d\vec{L}|/|\vec{L}|}{dt} = \frac{\tau_z}{L_z} = \frac{wr}{I\omega} \tag{9-5}$$

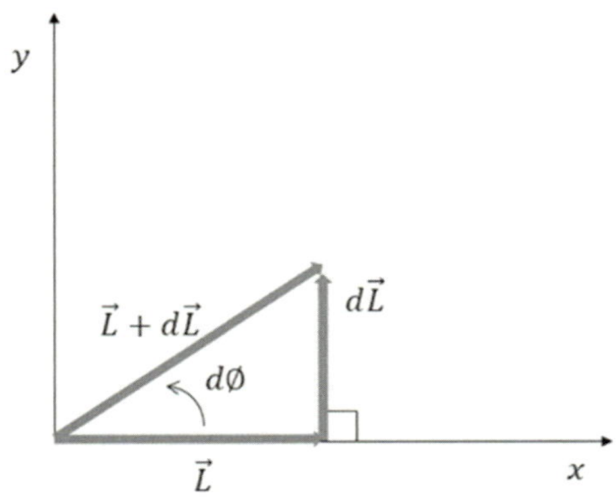

[그림 9-4] 각 운동량 변화

이때, 균형추의 위치를 조절하여, 수평 회전축 상의 모든 물체가 중심점에 대해 축을 회전시키려는 토크가 평형을 이루게 한다. 그 후, 회전축 끝에 무게추를 걸어주면, 결과적으로 무게추에 의한 토크 이외의 것을 고려할 필요가 없기 때문에 실험결과를 계산하기 쉽다. 따라서, Ω에 대한 식을 다음과 같이 수정하여 적용한다.

$$\Omega = \frac{\tau}{L} = \frac{MgR}{I\omega} \tag{9-6}$$

3 실험 기구 및 장치

(1) 버니어 데이터 수집 인터페이스
(2) 로거프로 3 한글 프로그램
(3) 버니어 포토게이트 센서
(4) 자이로스코프 모듈 (회전 축, 회전 디스크)
(5) 자이로스코프 엑세서리 키트 (실험용 실, 무게추(900 g 30 g))
(6) 버니어 회전운동 센서
(7) H-스탠드 세트

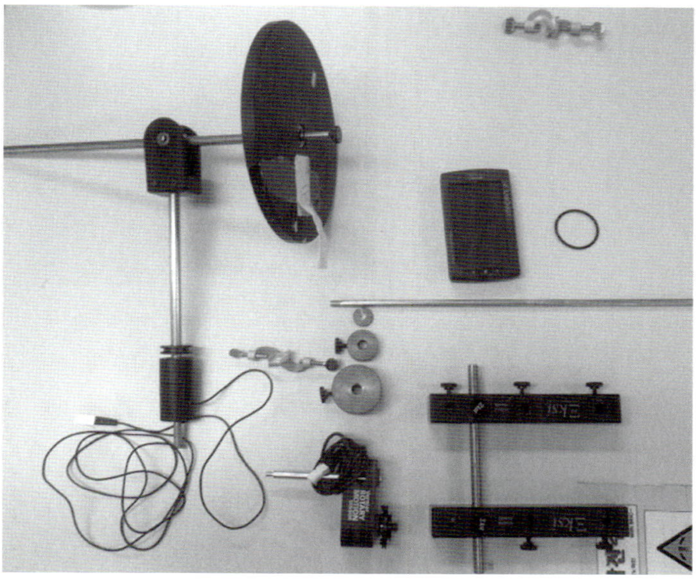

[그림 9-5] 실험기구 및 장치

4 실험 방법

A 회전디스크의 관성모멘트

1. 랩퀘스트 2 인터페이스의 전원을 켜고 USB 케이블을 이용해 컴퓨터에 연결한다. 컴퓨터의 Logger pro 프로그램을 실행시킨다.
2. 회전운동 센서를 인터페이스의 디지털 채널에 연결한다.
3. 데이터의 수집을 위해 다음과 같이 설정한다.
   1) 실험 -〉 센서 설정 -〉 LaqQuest 2:1 선택
   2) 회전운동센서 선택 -〉 X4 모드 선택
   3) 실험 -〉 데이터 수집 선택
   4) 데이터 수집 시간을 30 초로 설정

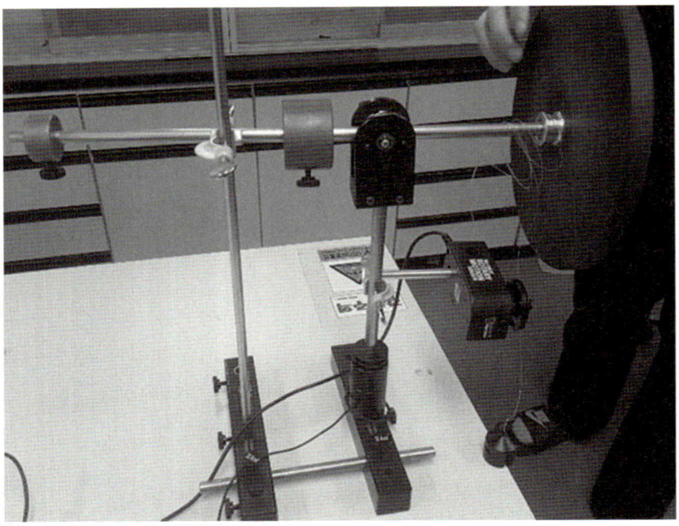

[그림 9-6] 회전디스크의 회전관성 측정

4. 〈그림 1〉과 같이 실험 장치를 연결한다. 자이로스코프의 수평을 잘 맞추고 클램프를 이용하여 고정한다.
5. 실의 끝을 덩어리지게 매듭을 지어 회전디스크의 허브에 난 홈에 끼워 실을 감는다. 실을 다른 한쪽에 추를 매달고 회전 운동 센서에 설치한 3 단 휠의 중간 단을 타고 실이 흘러내릴 수 있게 한다.

6. 추를 바닥에 떨어트린 후, 측정된 데이터를 분석하여 각 가속도를 구한다.
7. 주어진 값을 이용하여 회전디스크의 관성모멘트를 구한다.

B 세차운동

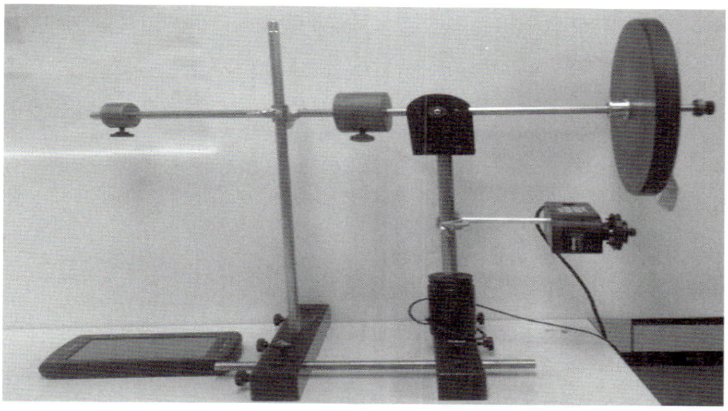

[그림 9-7] 수평 자이로스코프 설치

1. 랩퀘스트 2 인터페이스의 전원을 켜고 USB 케이블을 이용해 컴퓨터에 연결한다. 컴퓨터의 Logger Pro 프로그램을 실행시킨다.
2. 회전운동 센서와 고니오미터 센서를 인터페이스의 각 채널에 연결한다.
3. 데이터 수집을 위해 다음과 같이 설정한다.
   1) 실험 ->센서 설정 -> LabQueset 2:1 선택
   2) 회전운동센서 선택 -> X4 모드 선택
   3) 게이트 센서 설정
   4) 실험 -> 데이터 수집 선택
4. 그림과 같이 실험 장치를 연결한다. 추가 추 없이 자이로스코프가 균형을 잡을 때까지 큰 평형추의 위치를 조절한다. 균형을 잘 맞추기 위해 작은 평형추를 사용한다.
5. 추가 추의 중량을 달고 그 질량을 표 1.1 에 기록한다. 추가 추를 축의 말단에 부착한다. 회전 축으로부터 추가 추의 중심까지의 거리(d) 0.2 m 이다.
6. 회전디스크를 회전시킨 뒤 정지상태로 자이로스코프를 놓으면 복잡한 장동운동을 하게 된다. 세차운동속도에 맞추어 약간의 초기 각속도를 주면 자연스러운 세차운동을 하게 된다. 몇 번 반복해서 초기 각속도를 어느 정도로 해야 할지를 예측할 수 있도록 한다.
7. 세차 운동을 하지 못하도록 자이로스코프를 고정하면서 디스크의 속도를 측정한다.

8. 자이로스코프가 자연스러운 세차 운동을 하게하고 즉시 데이터 수집버튼을 눌러 자이로스코프의 세차운동 데이터를 수집한다. 세차운동을 1 회전 하게한다.
9. 세차운동 후의 디스크의 각속도를 측정한다. 세차운동 중에 디스크의 각속도를 얻기 위해 전후 데이터를 사용한다.
10. 수집된 세차운동 데이터에 직선 추세선을 적용하여 평균 속도를 얻는다.

실험 9 자이로스코프

학 과 :	학 번 :	이 름 :
실험일 :	실험조 :	제출일 :

1. 실험값 및 계산

A 회전판의 관성모멘트

회전디스크 허브 반경 (r) N		
추의 질량 (m) rad/s		
회전디스크의 각가속도 (α) rad/s^2		
회전디스크의 관성모멘트 (I)	측정	
	이론	
	오차 (%)	

B 세차운동

추가 추 질량 (m) N		
거리 (d) rad/s		
회전디스크 속도(최초) rad/s^2		
회전디스크 속도(최종)		
세차 운동 각속도 (Ω)	측정	
	계산	
	오차 (%)	

2. 실험 결과 및 토의

실험 10

물리진자

1 실험 목적

진동하는 물리진자의 운동을 관찰하여 선형의 단순조화운동으로 근사할 수 있는 조건과 비선형 효과를 고려해야 할 경우를 알아보고 그 주기를 측정하여 이론식과 비교하여 본다.

2 이론 및 원리

단진자란 가볍고 늘어나지 않는 줄에 매달려 있는 점질량으로 되어 있는 이상화 시킨 물체를 말한다. 그림 1과 같이 중력 하에서 질량 m인 물체가 길이 l인 줄에 매달려 단진동 운동을 하고 있다. 수직선과 각 θ를 이루고 있을 때, 중력에 의한 힘을 두 성분으로 나누면 $mg\cos\theta$의 지름방향의 성분은 입자가 원주상을 계속 운동하도록 유지시키는 구심 가속도를 공급하고 있고, $mg\cos\theta$의 접선 방향의 성분은 질점을 평형 위치로 되돌려 보내려는 복원력이 되는 것이다. 따라서 운동방정식은

$$F = m\frac{d^2s}{dt^2} = -mg\sin\theta \qquad (10\text{-}1)$$

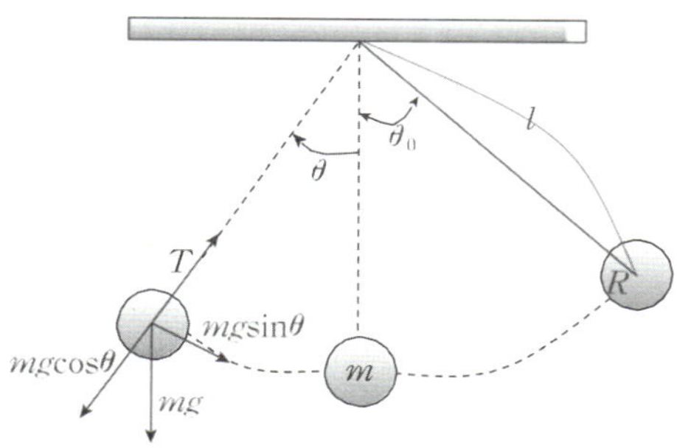

[그림 10-1] 단진자의 운동

가 되고, 각 θ가 작다면 (진폭이 작는 경우) $\sin\theta \cong \theta$로 놓을 수 있으며, 이 경우 운동방정식은

$$\frac{d^2\theta}{dt^2} + \frac{g}{l}\theta = 0 \tag{10-2}$$

로 주어지며, 이는 용수철 진동의 k가 g/l로 바뀌었을 뿐 똑같은 선형의 단순조화운동을 나타내고 있다. 이 방정식의 해는

$$\theta(t) = \theta_0 \cos\omega t \tag{10-3}$$

로, 초기조건은 $t=0$ 에서 최대각 θ_0를 갖는 것으로 하였다. 여기서 ω는 $\omega^2=g/l$로 정의된 양으로 이해의 주기는

$$T_1 = \frac{2\pi}{\omega} = 2\pi\sqrt{\frac{l}{g}} \tag{10-4}$$

로 주어진다. 여기서 주기는 매달아 놓는 입자가 가지는 질량과는 무관하다는 사실에 주목하자. $\sin\theta$를 θ로 근사할 수 없을 경우 이는 대표적인 비선형 진동을 나타내며 이 경우 진동주기 T는 에너지 보존식으로 부터 아래와 같이 구할 수 있다.

$$T = 2\sqrt{\frac{l}{g}}\int_0^{\theta_0}\left[\sin^2\left(\frac{\theta_0}{2}\right) - \sin^2\left(\frac{\theta}{2}\right)\right]^{-\frac{1}{2}} d\theta \tag{10-5}$$

이는 첫 번째 유형의 타원적분으로 급수전개하여 계산하면 다음과 같은 결과를 얻는다.

$$\begin{aligned} \mathrm{T} &= 2\pi\sqrt{\frac{l}{g}}\left[1 + \frac{1}{4}\sin^2\left(\frac{\theta_0}{2}\right) + \frac{9}{64}\sin^4\left(\frac{\theta_0}{2}\right) + \cdots\right] \\ &= 2\pi\sqrt{\frac{l}{g}}\left(1 + \frac{1}{16}\theta_0^2\right) \end{aligned} \tag{10-6}$$

[그림 10-1]에서 매달려 있는 물체의 크기를 무시할 수 없는 경우 이를 물리진자라 하며, 이 경우에는 물체의 관성모멘트를 고려하지 않을 수 없다. 물체에 작용하는 토크는

$$\tau = -mgl\sin\theta \qquad (10-7)$$

이므로 운동방정식은 다음과 같다.

$$I\frac{d^2\theta}{dt^2} + mgl\theta = 0 \qquad (10-8)$$

여기에서 I는 물체의 관성모멘트이고 $\sin\theta$는 θ로 근사하였다. 따라서 물리진자의 주기는 다음과 같다.

$$T = 2\pi\sqrt{\frac{I}{mgl}} \qquad (10-9)$$

단진자의 경우는 $I = ml^2$이므로 위 경우의 특별한 상황이라 할 수 있을 것이다. 구의 중심으로부터의 길이 l이고 반경 R, 질량 m인 진자의 경우, 구의 관성모멘트는

$$I = ml^2 + \frac{2}{5}mR^2 \qquad (10-10)$$

으로 주어진다. 이 경우 주기는 다음과 같다.

$$T = 2\pi\sqrt{\frac{l}{g}\left[1 + \frac{2}{5}\left(\frac{R}{l}\right)^2\right]} \qquad (10-11)$$

최종적으로 물체의 크기 진폭을 모두 고려하면 다음의 근사식을 얻을 수 있다.

$$T_2 \cong 2\pi\sqrt{\frac{l}{g}\left[1 + \frac{1}{16}\theta_0^2 + \frac{2}{5}\left(\frac{R}{l}\right)^2\right]} \qquad (10-12)$$

3 실험 기구 및 장치

(1) I-CA system

(2) 스크린

(3) 스텐드 및 클램프와 막대

(4) 물리진자용 색상인식 형광구 및 무명실

4 실험 방법

1. 스크린을 설치하고 그 앞에 스탠드를 준비하고, I-CA 시스템을 설치한다. 카메라는 구면 수차를 감안하여 2~3 m 뒤에 설치하고 줌을 조절하여 실험하기 좋는 화면을 맞춘다. 스탠드는 수직이 되도록 조정하고 그 면에 카메라를 수직이 되도록 맞춘다. 색상인 식 형광구를 스탠드에 걸고 그 선에 맞추어 카메라를 정렬하면 편리하다.
2. 카메라 셋팅이 끝나면, 기준자를 운동면에 놓고 화면을 캡쳐 스케일 및 좌표계를 설정한다.
3. 진자의 길이를 80 cm 정도로 고정하여 운동시키고 화면을 캡처한다. 진폭은 작게하고 촬영시간은 진자가 4~5 회 정도 왕복하면 충분하다.

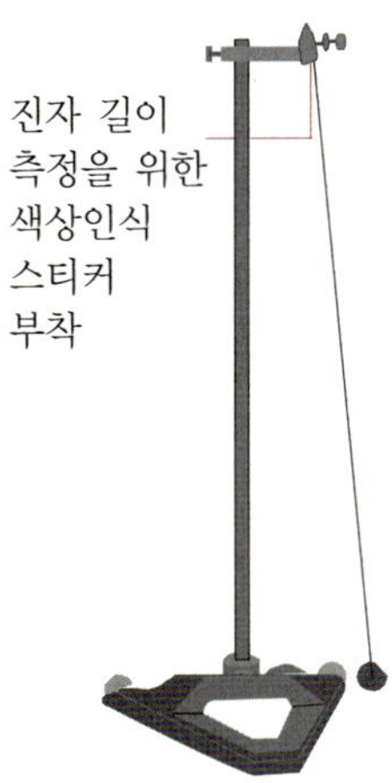

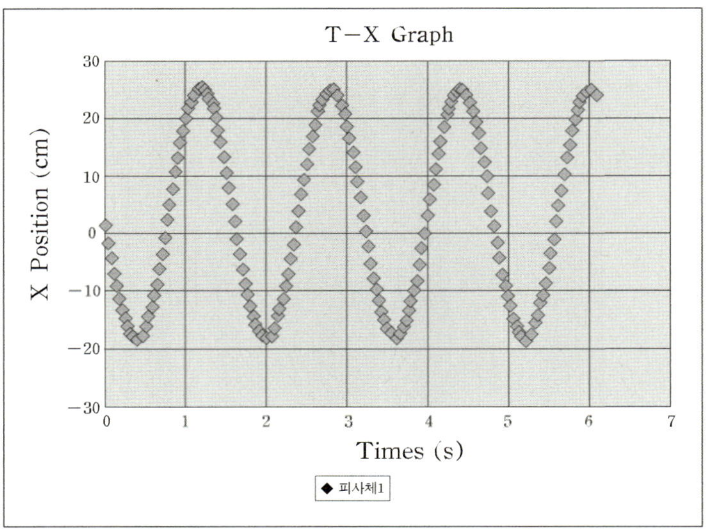

[그림 10-2] 물리진자 실험 장치 및 분석화면

[주의] 진폭이 적어야 $\sin\theta \cong \theta$의 근사식을 쓸 수 있으나 진폭이 너무 적으면, 진자를 매단 부분에서의 실의 복원력의 영향이 지배적이고, 운동 반경이 너무 작아 색상인식에서의 오차로 인한 측정오차가 커진다. 따라서 진자의 길이는 길고, 무거운 것이 실험에 유리하고 각도는 4° 이상의 영역을 선택하는 것이 좋다. 그림 10-2 와 같이 진자의 길이 측정을 위해 중앙 부분에 색상인식지로 표시해 둔다. (아니면 실험 전이나 후에 자를 통해 실측한다.)

4. 저장된 파일을 분석하여 주기를 구한다.
   분석은 그래프 그리기를 이용하여 T-X 에 관한 그래프를 그리고, 이때 그래프 형식은 피사 체 1, 회귀형식은 없음으로 한다. 분석결과의 X 좌표값을 이용하여 주기를 계산한다. 주기 는 최대값에서 다음 최대값까지의 시간으로 계산하며 2 주기 단위로 나누어 계산한다.
5. 거리 구하기 기능을 이용하여 진자의 길이를 구한다. 길이는 각각 다른 5 지점을 선정하여 구하고 평균낸다. 진자의 높이가 최대가 되는 지점으로 이동 각도 구하기를 이용하여 진자가 Y 축과 이루는 각도를 구한다.
6. 진폭의 각도를 4~30 사이에서 늘려가면서 동일한 실험을 5 회 반복한다.
7. 진자의 길이를 바꾸어 위의 4~6 번 과정을 반복 측정한다.
8. 실험 데이터로부터 단진자 운동을 단순조화운동으로 근사할 수 있는 영역과 식 (10-12)의 보정식을 쓸 수 있는 영역, 비선형효과를 고려하지 않을 수 없는 영역 등으로 구분하여 본다.

실험 10 물리진자

학 과 :	학 번 :	이 름 :
실험일 :	실험조 :	제출일 :

1. 실험값 및 계산

실험 1		진자의 반경 R (cm)					진자의 질량 m (cm)			
진자의 길이 l (cm)								평균		
횟수	1 차 최대점		3 차 최대점						오차 (%)	
	x 좌표	시간	x 좌표	시간	y 축과의 각도(°)	주기(s)	주기(이론치) $T_1=2\pi(l/g)^{1/2}$	진폭 및 크기 보정주기 T_2 식 (10-12)	T_1	T_2
1										
2										
3										
4										
5										

실험 2		진자의 반경 R (cm)					진자의 질량 m (cm)			
진자의 길이 l (cm)								평균		
횟수	1 차 최대점		3 차 최대점						오차 (%)	
	x 좌표	시간	x 좌표	시간	x 축과의 각도(°)	주기(s)	주기(이론치) $T_1=2\pi(l/g)^{1/2}$	진폭 및 크기 보정주기 T_2 식 (10-12)	T_1	T_2
1										
2										
3										
4										
5										

2. 실험 결과 및 토의

실험 11

줄의 정상파

1 실험 목적

줄을 진동시켜 서로 다른 정상파 모드를 관찰하고, 진동수를 조절하여 기본 진동수의 파형을 관찰한다. 진동하는 줄에 관계된 진폭, 주파수, 파장, 배, 마디를 설명한다. 줄의 장력과 선밀도에 따른 속도를 알아본다.

2 이론 및 원리

양쪽 끝이 고정된 팽팽한 줄을 생각해보자. 줄을 따라 오른쪽으로 사인모양의 파동을 연속적으로 보낸다고 하자. 파동이 오른쪽 끝에 도달하면 다시 왼쪽으로 반사되어 되돌아온다. 이때 되돌아가는 파동은 오른쪽으로 진행하는 파동과 중첩된다. 마찬가지로 왼쪽으로 진행하는 파동도 왼쪽 끝에서 반사되어 오른쪽으로 진행하므로 양쪽으로 진행하는 두 파동은 중첩된다. 이때 중첩된 파동은 배와 마디를 갖는 정상파를 만들게 되고, 이때의 진동수를 공명진동수라고 한다.

$$y = A\sin(kx - \omega t) + A\sin(kx + \omega t) = 2A\cos(\omega t)\sin(kx) \qquad (11-1)$$

길이가 L 인 줄 위의 정상파를 생각해보자. 줄의 양 끝은 모두 고정되어 있으므로 마디가 된다. 식(11-1)의 정상파는 자동적으로 $x=0$ 과 $x=L$ 에서 마디가 되어야 하므로, k 는 다음을 만족하는 값 중 하나가 되어야 한다.

$$\sin k_n L = 0 \qquad (11-2)$$

$$k_n = \frac{n\pi}{L} \qquad (n = 1, 2, 3, \cdots) \qquad (11-3)$$

이 조건에 의해 파장은 다음과 같다.

$$\lambda_n = \frac{2\pi}{L} = \frac{2L}{n} \tag{11-4}$$

따라서 이러한 파장에 해당하는 공명진동수는 다음과 같다.

$$f = \frac{v}{\lambda} = n\frac{v}{2L} \tag{11-5}$$

이때 v는 진행파동의 속력이다.

팽팽한 줄을 따라 진행하는 파동의 속력은 줄의 선밀도와 줄에 작용하는 장력에만 의존하고 파동의 진동수에는 의존하지 않는다. 이때 선밀도란 줄의 질량을 줄의 길이로 나누어 정의한다.

$$\mu = \frac{m}{l} \tag{11-6}$$

줄이 양 끝점의 힘에 의해서 팽팽하게 당겨져 장력이 작용하고 있어야 파동이 줄에서 진행할 수 있다. 줄의 장력 τ는 양 끝점의 힘의 크기와 같다.

줄의 선밀도와 장력에 의한 파동의 속력은 다음과 같다.

$$v = \sqrt{\frac{\tau}{\mu}} \tag{11-7}$$

3 실험 기구 및 장치

(1) 시그널 제네레이터

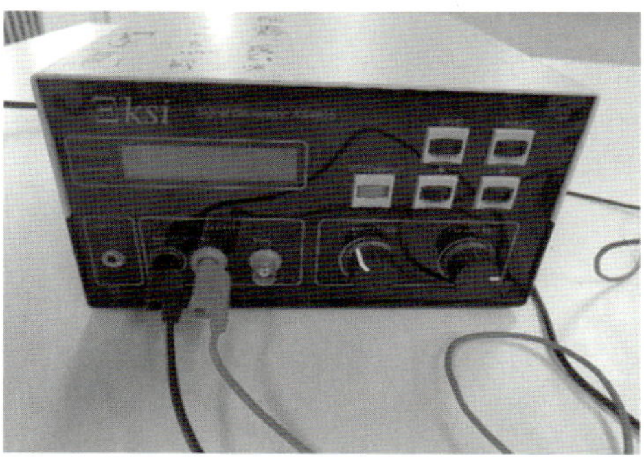

(2) 진동 제네레이터

(3) 버니어 도르래

(4) 로거프로 3 한글 프로그램

(5) 연결선(100 cm)

(6) 전자 저울(200 g, 0.01 g)

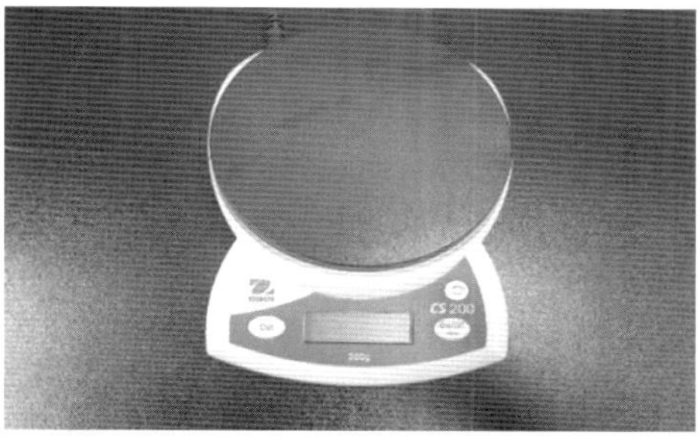

(7) 고급 실험용 자(100 cm)

(8) 스탠드 세트(60 cm)

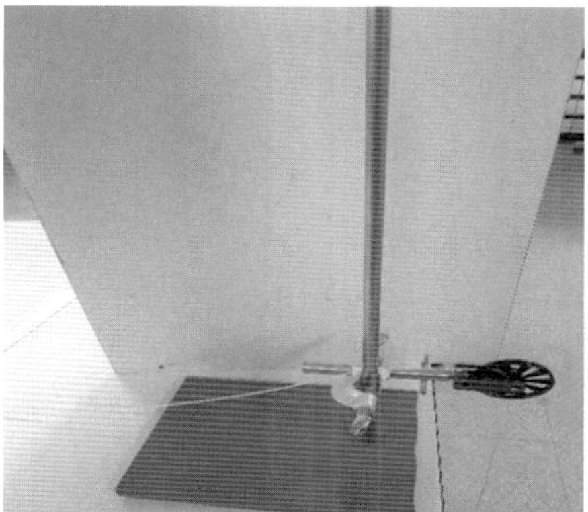

(9) 슬롯추 세트

(10) 클램프

(11) 역학 실험용 줄(100 cm)

4 실험 방법

[파트 1] 정상파 패턴 관찰

[그림 11-1] 정상파 관찰 셋업

1. 장비를 [그림 11-1]와 같이 설치한다. 진동 제네레이터에 고무줄을 연결하고 반대편 끝을 스탠드 로드에 연결한다. 고무줄을 처지거나 너무 팽팽하지 않도록 설치한다. (줄의 길이는 약 80~100 cm 가 되도록 한다.)
2. 진동 제네레이터의 바나나 잭 단자에 연결선을 연결하고 시그널 제네레이터의 반대쪽 선을 연결한다. (주의 : 진폭을 너무 세게하면 진동 제네레이터의 퓨즈가 파손될 수 있으니 너무 높게 설정하지 않는다.) 시그널 제네레이터의 파형을 사인(Sine)으로 선택하고 초기 진동수를 약 5 Hz 로 설정한다. 좌, 우 화살표 버튼을 눌러서 변경 단위를 변경한다
3. 줄이 기본 진동이 나타날 때까지 진동수를 조절한다. 최상의 진동수를 얻기 위해서 진동수 조절을 최소 단위로 하고 몇 초 동안 안정화되게 기다린다. 이 진동수를 데이터 분석 테이블의 f_1에 기록한다.
4. 줄의 길이를 변경하지 않고 2 배 진동, f_2가 나타날 때까지 진동수를 증가시킨다. 2 배 진동이 나타나면 데이터 테이블에 이 진동수를 기록한다. 기본 진동의 마디의 진폭과 비교하여 적는다. 줄의 고정된 두 끝 지점 사이에서 파형이 어떻게 형성되는지 그린다.
5. f_1, f_2 값을 이용하여 f_3 값을 예상한다. 예상한 진동수 f_3로 진동수를 변경하고 정상파형의 진폭이 최대가 될 때까지 진동수를 조절한다. 이 진동 수를 데이터 테이블에 기록한다. 줄의 어느 지점에 배가 나타나는지 그린다.
6. 이 과정을 5 배 진동이 만들어질 때까지 반복한다.

[파트 2] 파동의 속도에 미치는 요인

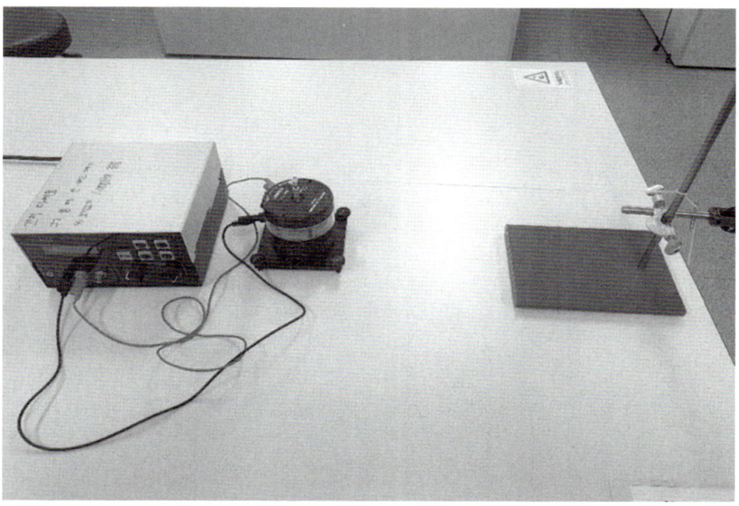

[그림 11-2] 버니어 도르래를 이용한 정상파 관찰 셋업

1. 파트 1 의 실험에서 고무줄을 역학실험용 줄로 교체한다. 줄의 무게와 길이를 측정하여 선밀도를 구한다.
2. [그림 11-2]와 같이 줄을 연결하여 도르래 윗부분으로 걸치고, 줄이 처지지 않을 정도의 가벼운 추를 건다. 진동 제네레이터에서부터 도르래의 접촉점까지의 줄의 길이를 측정한다.
3. 파트 1 에서와 같이 진동수를 조절하여 2 배 진동 f_2를 찾고, 이 진동수를 기록한다.
4. 줄의 장력을 증가시키기 위해 추의 질량을 증가시키고 2 배 진동이 나타나도록 진동수를 조절한다.
5. 5 회의 데이터를 얻을 때까지 과정 1-4 를 반복한다. 이때 진동수와 추의 무게를 각각 기록한다.

실험 11 줄의 정상파

학 과 : 학 번 : 이 름 :
실험일 : 실험조 : 제출일 :

1. 실험값 및 계산

실험 1. 정상파 패턴 관찰

줄의 길이(l): ______________ m

	진동수, f (1/s)	형태	파장, λ (m)
f_1			
f_2			
f_3			
f_4			
f_5			

실험 2. 파동의 속도에 미치는 요인

선밀도: ______________ kg/m 파장: ______________ m

횟수	줄의 장력, T ($\mathrm{kg \cdot m/s^2}$)	진동수, f (1/s)	속도, v_T (m/s)	속도, v_f (m/s)
1				
2				
3				
4				
5				

2. 실험 결과 및 토의

실험 12

등전위선

1 실험 목적

전기장이 가해진 공간의 한 지점에서 측정된 전압을 표시하여 전압이 같은 공간을 연결한 선, 즉 등전위선 지도를 그려 공간에 작용하는 전기장의 현상을 이해한다.

2 이론 및 원리

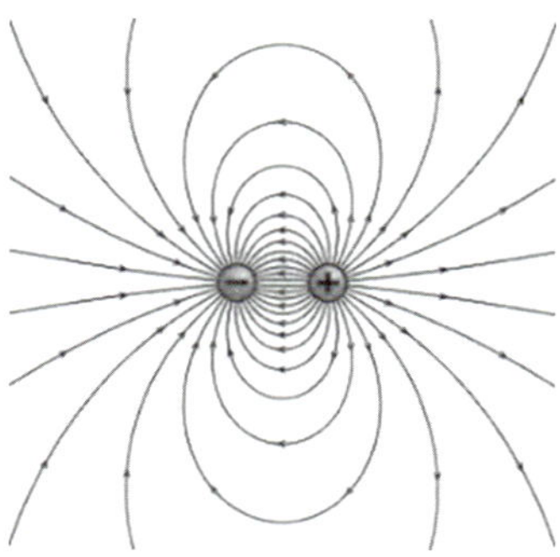

[그림 12-1] 크기가 같은 양전하와 음전하 주위의 전기장선 (전기 쌍극자)

쿨롱의 법칙에 따라 대전된 물체에 가해지는 정전기력은 전하량과 두 물체 사이의 거리와 관계가 있음을 알 수 있다. 그러나 이 힘이 떨어진 두 물체 사이에서 어떻게 작용하는지를 묘사하지는 않는다. 이를 위해 장 (Field)의 개념이 필요하다.

(그림 12-1 을 보면 두 전하 사이에서 생기는 전기장의 모식도가 있다.)

위 그림과 같이 크기가 같은 양전하와 음전하가 임의의 질점이 가지는 중력과 마찬가지로 각자 장을 이루고 그 장에 의해 영향을 받는다. 이 때 생기는 전기장의 모식도를 상상으로 그릴

순 있지만 전기장의 크기와 방향을 직접 도표화하기는 다소 어렵다. 그러므로 다른 접근방법이 필요하다.

1C 의 단위 전하를 A 라는 위치로부터 B 위치로 이동시킬 때 필요한 최소한의 일의 양을 전기포텐셜 차이, 즉 전위 차라고 부른다. 이 때 임의의 위치 A 의 전기적 위치에너지를 0 으로 가정하면 A 와 다른 지점의 전위 차이가 각 지점의 전위 또는 전기포텐셜로 이해 할 수 있다. 이 때, 전기포텐셜의 크기가 같은 위치를 연결한 가상의 선을 등전위선이라고 한다. 이 등전위선은 항상 전기력선과 수직을 이루는데 이를 이용하면 공간에 가해지는 전기장의 크기 및 방향을 추측할 수 있다.

이 실험에서는 전압센서를 이용하여 양단에 있는 전하에 의해 가해진 전기장으로 공간에 따라 전기적 위치에너지가 존재하게 되는데 그때 전압, 즉 전위 차이가 같은 위치를 측정, 분석하여 선을 이어 등전위선의 형성을 확인하며, 등전위선에 수직인 선을 그려 전기 쌍극자 사이의 전기장의 모식도와 유사한 형태를 나타내는지 확인하여 본다.

3 실험 기구 및 장치

1. 버니어 데이터 수집 인터페이스
2. 로거프로 3 한글 프로그램
3. 버니어 차동전압 센서
4. PC
5. 등전위선 실험장치 (수조형)
6. 전원 공급장치
7. 연결선 (검정, 빨강) 1 m

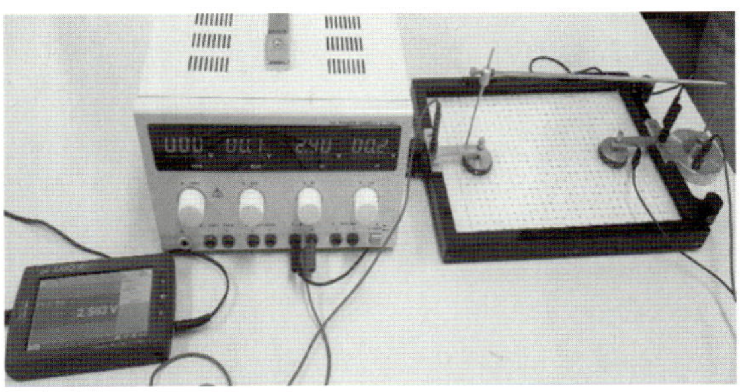

[그림 12-2] 실험 기구 및 장치

4 실험 방법

1. 차동전압 센서를 인터페이스에 연결하고 데이터 수집 프로그램을 실행시킨다. 이 실험동안에 차동 전압 센서가 측정하는 전압값을 데이터 수집 프로그램을 통해서 읽을 것이다. 그리고 소수점 둘째자리까지의 정확도로 전압값을 기록한다.
2. 그림 12-3 과 같이 실험기구를 세팅한다.

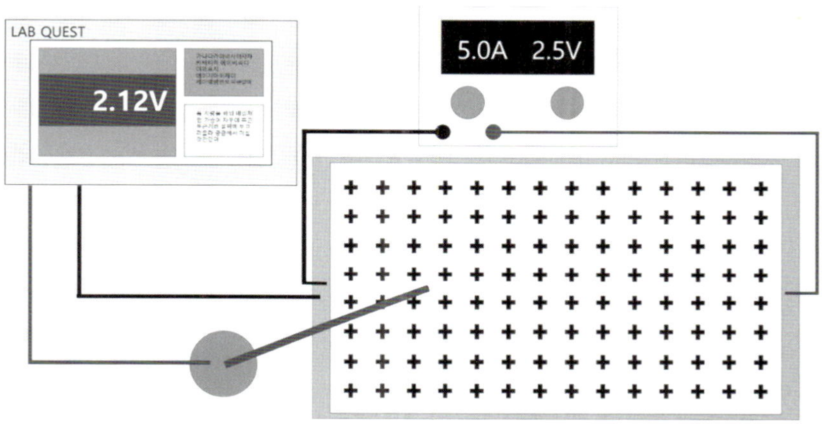

[그림 12-3] 실험 기구 및 장치

3. 설치를 마쳤으면 수조에 비커를 이용하여 수조가 약 5 mm 정도 잠기도록 물을 넣는다.
4. 전원 공급장치의 전압을 3 V 정도 인가하여 전압 센서에 출력되는 값이 나타나는지 확인한다. 이 경우에 물을 통해서 전압을 측정하기 때문에 인가한 전압보다 낮은 전압이 표시되는 것은 정상이다.
5. 특정 지점의 등전위 값을 측정하기 위해서 ㄷ자 모양의 로드를 원하는 지점에 위치시킨다. 측정된 전압을 결과지에 기입한다.
6. 결과지에 기입한 데이터를 바탕으로 등전위선 엑셀파일의 data 시트에 입력한다.
7. 2D chart, 3D chart 시트를 통해 등전위선을 확인한다.

(※ 실험 결과는 엑셀데이터로 대신)

실험 13

RC 회로의 충전과 방전

1 실험 목적

저항과 축전기로 이루어진 회로에서 축전기 전압의 시간적 변화를 관찰하여 RC 회로의 시간 상수 등을 측정한다.

2 이론 및 원리

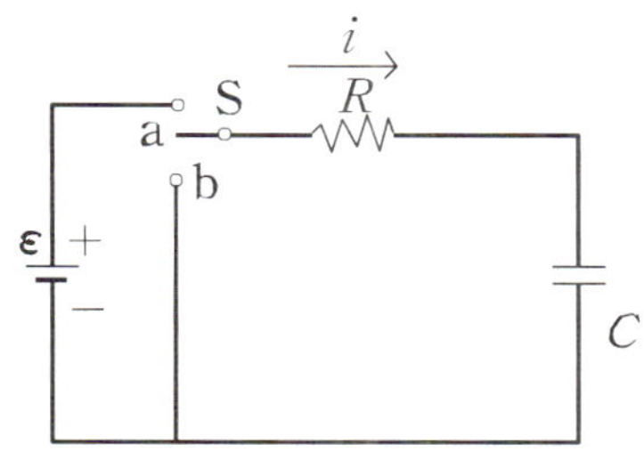

[그림 13-1] RC 회로

그림 15-1 과 같이 축전기와 저항으로 이루어진 회로에서 축전기가 충전되는 동안($S \to a$) 회로에 흐르는 전류는 회로의 법칙을 적용해 보면

$$\varepsilon - iR - \frac{q}{C} = 0 \tag{13-1}$$

이 성립하고 q/C 는 축전기와 판 사이의 퍼텐셜 차이다. 여기서 q 와 i 모두 시간에 따라 변한다. 이 식은

$$iR + \frac{q}{C} = \varepsilon \tag{13-2}$$

으로 쓸수 있고, i와 q는 $i=dq/dt$의 관계에 있으므로

$$R\frac{dq}{dt} + \frac{q}{C} = \varepsilon \tag{13-3}$$

를 얻는다. 이 식은 전하 q의 시간에 대한 변화를 결정하는 미분 방정식이다. 이 식의 초기 조건은 $t=0$, $q=0$ 라는 조건이 성립한다. 이 식의 해는

$$q = C_{\varepsilon}\,(1 - e^{-t/RC}) \tag{13-4}$$

이다. 이 식은 축전기에서 시간에 따른 전하 q의 변화를 나타내 주는 식이다. 이 식을 시간에 대해 미분을 하게 되면

$$i = \frac{dq}{dt} = \left(\frac{\varepsilon}{R}\right)e^{-\frac{t}{RC}} \tag{13-5}$$

이 되어 전류의 시간적 변화를 나타내게 된다. 실험적으로 $q(t)$의 값은 축전기 사이의 퍼텐셜 차를 측정함으로써 측정할 수 있다.

$$V_c = \frac{q}{C} = \epsilon\left(1 - e^{-\frac{t}{RC}}\right) \tag{13-6}$$

마찬가지로 저항 양단의 퍼텐셜 차를 측정하면 $i(t)$를 측정할 수 있다.

$$V_R = iR = \epsilon e^{-\frac{t}{RC}} \tag{13-7}$$

을 얻을 수 있다. 어떤 순간에도 V_{c}, V_{R} 의 합은 기전력 ε 와 같음을 알수 있다.

지수 e에 나타나는 양은 차원이 없어야 하므로 RC는 시간의 차원을 갖는다. RC를 RC회로의 시간상수라고 하며 s라는 기호를 사용하여 나타낸다. 시간상수는 축전기가 완전히 충전되어 평형 상태에 도달했을 때 전하량의 63 %가 충전되는데 걸리는 시간이다.

충전 과정에서 기기의 스위치를 닫으면 축전기에는 아무 전하도 없기 때문에 판 사이에는 퍼텐셜 차가 생기지 않는다. 그러므로 회로의 법칙을 사용하면 저항 사이의 퍼텐셜 차는 기전력 ε 와 같고 저항에 흐르는 전류는 ε/R이다.

이 결과는 전류가 흐르기 시작한 순간에만 맞는다. 왜냐하면 그 이후에는 축전기 판 사이에 전하가 쌓여서 그 사이에 q/C 의 퍼텐셜 차가 생기기 때문이다. 회로의 법칙을 사용하면 이렇게 전하가 쌓이는 과정에서 저항과 축전기의 퍼텐셜 합은 전지의 기전력과 같아야 하므로 저항의 퍼텐셜 차는 감소하므로 전류도 줄어든다.

저항에서의 전류의 변화는 축전기가 완전히 충전될 때까지 계속된다. 완전히 충전되었다는 것 은 축전기의 퍼텐셜 차가 전지의 기전력과 같다는 것을 말한다.

그렇다면 방전이 될 때는 전류가 시간에 대해서 어떻게 변할 것인가? ($S \to b$).

ε =0 이라고 놓으면

$$R\frac{dq}{dt} + \frac{q}{C} = 0 \tag{13-8}$$

이 방정식의 해는 $q=q_0e^{-t/RC}$ 이고 $q_o(=C\varepsilon)$는 처음에 축전기가 완전히 충전되었을 때의 전하이다. 전기용량 시간상수 $R\ C$ 는 충전할 때뿐만 아니라 방전할 때도 중요한 역할을 한다. $t=RC$ 일 때 축전기의 전하는 약 37%인 $C\varepsilon e^{-1}$로 줄어든다.

방전 과정에서의 전류는

$$i = \frac{dq}{dt} = -\left(\frac{q_o}{RC}\right)e^{-\frac{t}{RC}} = -\,i_0 e^{-\frac{t}{RC}} \tag{13-9}$$

를 얻는다.

여기서 ε /R=q_o/RC는 t = 0 에 해당하는 처음 전류이다.

$$I(t) = \frac{V}{R}e^{-\frac{t}{RC}} \tag{13-10}$$

고정된 전원 전압 하에서 저항을 통하여 축전기가 충전되는 경우에 시간에 따른 전류는 Kirchhoff의 법칙으로 결정될 수 있다.

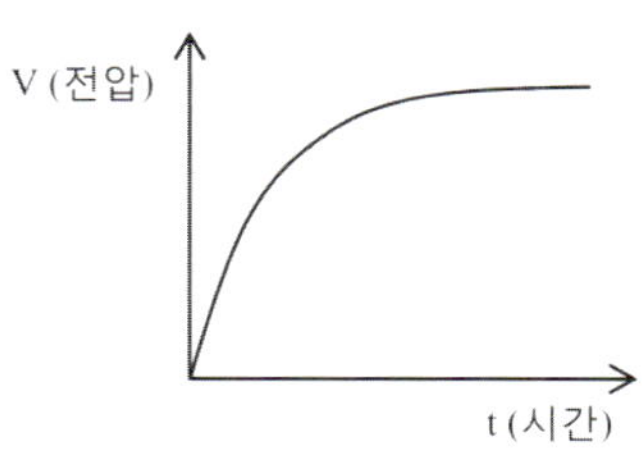

(a) 충전기의 충전과정

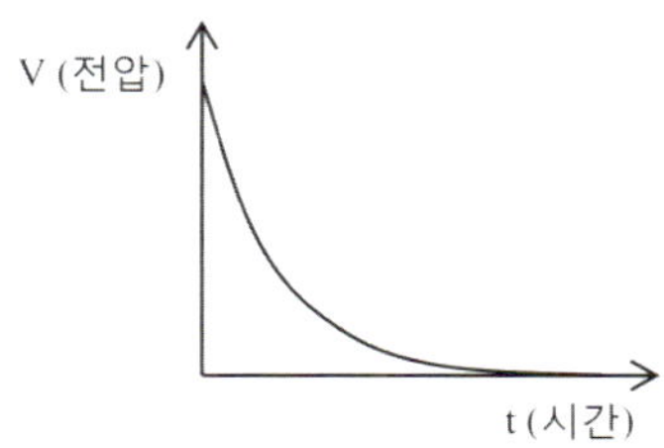

(b) 충전기의 방전과정

[그림 13-2] 시간에 따른 축전기의 충전 과정

3 실험 기구 및 장치

1. AC/DC 전기회로 장비
2. 전압계

4 실험 방법

A 장치설정

그림 13-3 과 같이 저항과 축전기를 직렬로 연결한 회로에 교류전원 (사각파)을 인가하면 충, 방전과정을 오실로스코프를 통해 연속적으로 관측할 수 있다. 단, 사각파의 주기의 절반이 RC 회로의 시간상수보다 커야한다.

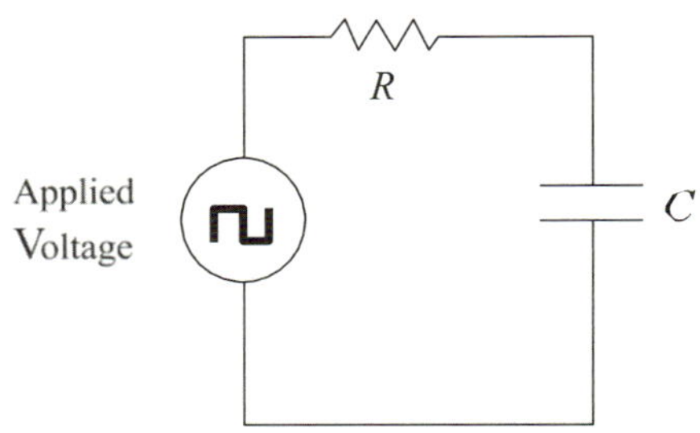

[그림 13-3] RC 회로

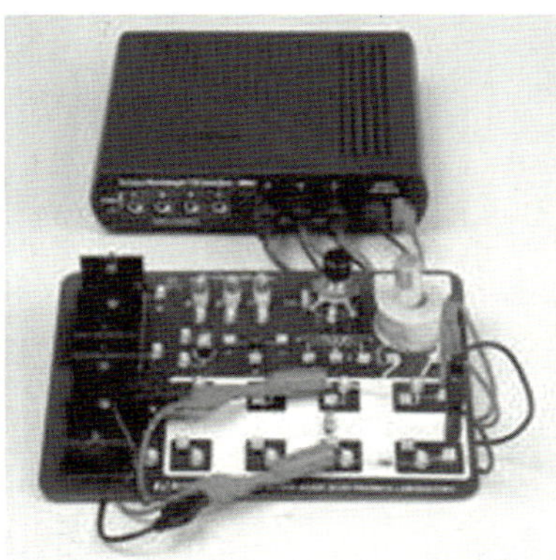

[그림 13-4] RC 회로의 장치도

B 실험 절차

1. 그림 13-4 와 같이 저항과 축전기를 직렬로 연결한 후 DataStudio 를 실행한 후 "RC Circuit"라는 파일을 연다. Science Workshop 750 신호 발생기를 3 V 사각파로 설정한다. 출력 전압을 회로의 전원에 연결한다.
2. 주파수는 충전과정과 방전과정을 충분히 볼 수 있도록 낮게 설정한다.
3. 전압센서를 축전기의 양단에 연결한 후 채널 A 에 연결한다.
4. START 버튼을 누른다. 충, 방전과정이 관찰된 후 STOP 버튼을 누른다.
5. 그래프로부터 RC 회로의 시간상수를 FITTING 하여 구한다.

실험 13 RC 회로의 충전과 방전

학 과 : 학 번 : 이 름 :
실험일 : 실험조 : 제출일 :

1. 실험 결과

횟수	저항 (X)	전기용량 (F)	시간상수 (측정)	시간상수 (계산)
1				
2				
3				
4				
5				

2. 실험 결과 및 토의

실험 14

Wheatstone Bridge

1 실험 목적

Wheatstone bridge 의 구조와 원리를 이해하고, 이것을 이용하여 미지의 전기저항을 정밀하게 측정한다.

2 이론 및 원리

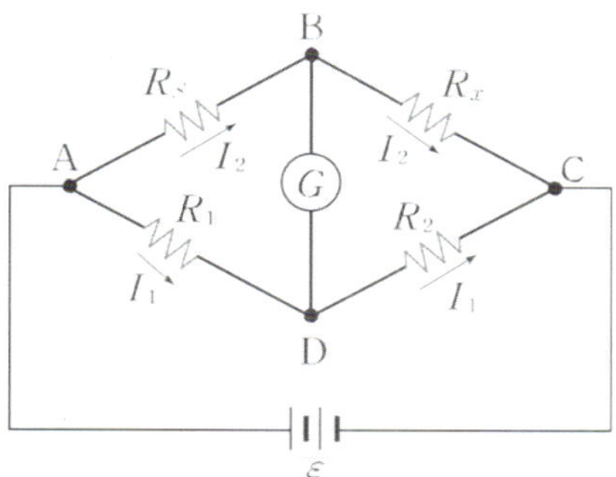

[그림 14-1] Wheatstone Bridge

Wheatstone bridge 는 그림 14-1 과 같이 저항 R_1, R_2, R_S와 R_x를 연결하고 점 B 와 C 사이를 검류계 G 를 연결하여 두 점 사이의 전위차를 알 수 있게 한 장치이다.

R_S는 표준저항으로 정확한 값을 알고 있는 저항이며 R_x는 측정하려는 미지의 저항이다.

이 Wheatstone bridge 에서 R_1과 R_2를 적당히 조절한다면 검류계 G 에 전류가 흐르지 않는다. B 점과 D 점 사이에 전류가 흐르지 않으므로 그림과 같이 R_1과 R_2에 같은 전류 I_1이 흐르고, R_S와 R_x에는 전류 I_2가 흐른다.

따라서 각 저항 양단의 전위차는

$$V_{AD} = I_1 R_1$$
$$V_{CD} = I_1 R_2$$
$$V_{AB} = I_2 R_s \text{ 및 } V_{BC} = I_2 R_x \quad (14-1)$$

검류계에 전류가 흐르지 않으므로 $V_{AB} = V_{AD}$, $V_{BC} = V_{CD}$이다. 따라서

$$I_1 R_2 = I_2 R_x \quad (14-2)$$
$$I_1 R_1 = I_2 R_S$$

이다. 이 식으로부터 미지의 저항을 아래의 14-3 식을 통해 구할 수 있다.

$$R_x = \frac{R_2}{R_1} R_S \quad (14-3)$$

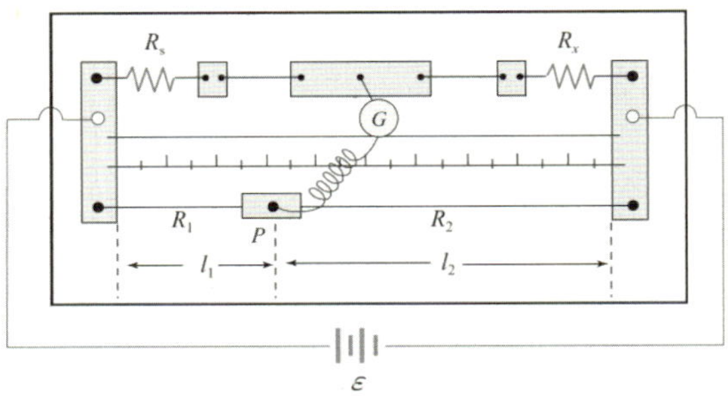

[그림 14-2] 습동선형 휘트스톤브리지

그림 14-2 와 같은 습동선형 Wheatstone Bridge 에서 R_1과 R_2는 단면적이 A 이고, 비저항이 ρ 인 균일한 저항선의 선분이므로 저항은 각각

$$R_1 = \rho \frac{l_1}{A} \quad (14-4)$$
$$R_2 = \rho \frac{l_2}{A} \quad (14-5)$$

이다. 그러므로 두 저항의 비는 저항선의 길이의 비가 된다. 즉,

$$\frac{R_2}{R_1} = \frac{l_2}{l_1} \quad (14-6)$$

로 나타낼 수 있다. 따라서 미지의 저항은 식 14-3 으로부터

$$R_x = \frac{l_2}{l_1} R_s \tag{14-7}$$

로 주어진다. 따라서 저항선의 길이 비와 표준 저항값으로부터 미지의 저항을 구할 수 있다.

3 실험 기구 및 장치

(1) 휘트스톤 브리지 회로명판

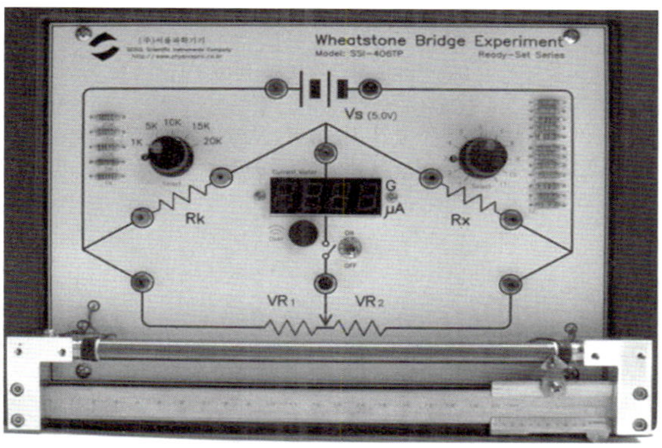

(2) 검류계 (〉25 μA)

(3) 기지저항 세트 (100 Ω, 1 kΩ, 10 kΩ, 1 MΩ), 미지저항 set(10 개)

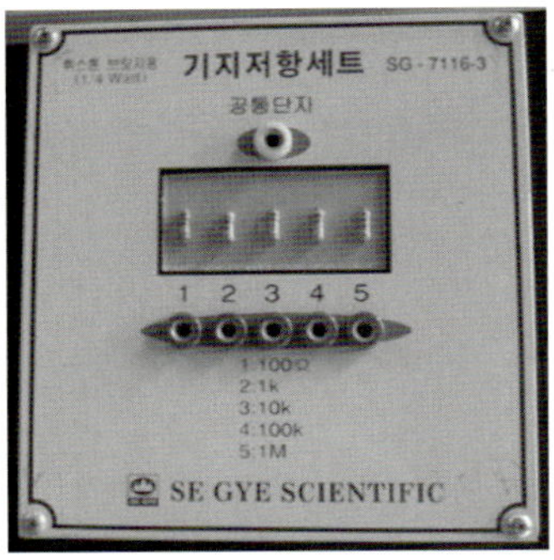

(4) 리드선 : 짧은 것 6 개, 긴 것 4 개, 검침봉

(5) 측정용 저항선 (1 m)

(6) 전원 장치

4 실험 방법

1. 회로를 그림 14-2 와 같이 연결한다.
2. R_x에는 측정하고자 하는 미지 저항을, R_S에는 표준 저항을 연결한다.
3. 전압을 5 V 로 고정한다.
4. 그림 14-2 의 P점을 좌우로 움직여 검류계의 값이 0 이 될 때 l_1, l_2를 기록한다.
5. 식 14-7 로부터 미지 저항값을 계산하고 기록한다.
6. 멀티미터로 미지의 전기저항을 측정하고 측정값을 기록한다.

실험 1 휘트스톤브릿지 실험

학 과 :	학 번 :	이 름 :
실험일 :	실험조 :	제출일 :

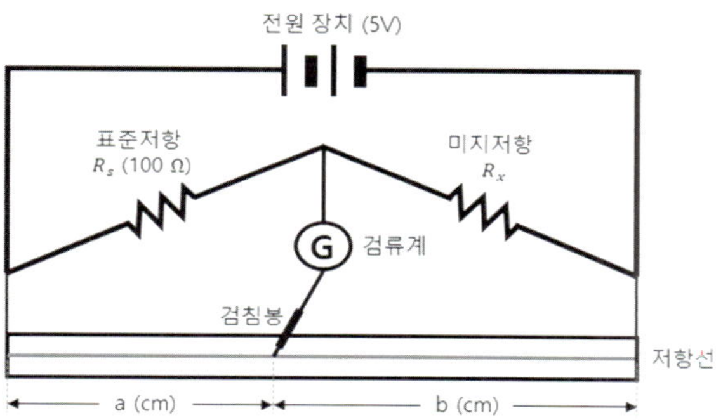

검류계가 0인 지점에서의 미지저항과 표준저항 관계식

$$R_x = \frac{b}{a} R_S$$

미지저항	실험 횟수	a (cm)	b (cm)	표준저항 R_s (Ω)	미지저항 R_x (Ω) (측정값)	미지저항 R_x (Ω) (이론값)	오차 (%)
1 번	1			1k (2 번)			
	2						
	3						
	평균						
5 번	1						
	2						
	3						
	평균						
6 번	1						
	2						
	3						
	평균						

실험 **15**

RLC 회로

1 실험 목적

저항기 (R), 유도기 (L), 축전기 (C) 각 소자의 교류전압에 대한 특성을 알아본다. 교류 회로에서의 전압과 전류사이의 위상 개념을 이해하고, 교류 회로에서의 임피던스에 대해서 알아본다.

2 이론 및 원리

A 저항형 회로

교류 전원에 저항(R)을 연결하면 교류 전원에서 공급한 전력이 저항을 통해 흘러 회로에 전류가 흐르게 된다. 교류 전원의 전압을

$$V = V_m \sin(\omega t) \tag{15-1}$$

이라 하면 회로에 흐르는 전류는

$$I = I_m \sin(\omega t) \tag{15-2}$$

이다. 여기서 V_m과 I_m는 각각 전압과 전류의 최대값이다. Ohm 의 법칙 ($V = IR$)에 의해

$$I_m = \frac{V_m}{R} \tag{15-3}$$

이다.

B 용량형 회로

교류 전원에 축전기를 연결하면 축전기 양단의 전압은 교류 전원의 전압과 같다. 축전기 양단의 전압은 전기용량의 정의로부터

$$V = \frac{Q}{C} = V_m \sin(\omega t) \tag{15-4}$$

이다. 여기서 Q는 축전기의 전하량이고, C는 축전기의 전기용량이다. 전류는

$$I = \frac{dQ}{dt} \tag{15-5}$$

이므로 회로에 흐르는 전류는

$$I = \frac{d}{dt}(CV_m \sin(\omega t)) = CV_m \omega \cos(\omega t) \tag{15-6}$$

이고, 전압과 같이 sin 함수로 표현하면

$$I = I_m \sin(\omega t + \frac{\pi}{2}) \tag{15-7}$$

가 된다. 따라서 전류가 전압보다 위상이 $\pi/2$ 앞선다. 옴의 법칙에 의해

$$I_m = \frac{V_m}{X_c} \tag{15-8}$$

이다. 여기서 $X_c = \frac{1}{\omega C}$ 이고, 용량형 들이저항(capacitive reactance)이라 한다.

C 유도형 회로

이상적인 유도기(저항을 무시할 수 있는 유도기)에 교류전원을 인가하면 유도기의 전압은

$$V = L\frac{dI}{dt} = V_m \sin(\omega t) \tag{15-9}$$

이다. 여기서 I는 유도기에 흐르는 전류, L는 유도기의 유도용량이다. 따라서 회로의 전류는

$$I = \int \frac{V_m}{L}\sin(\omega t)dt = -\frac{V_m}{\omega L}\cos(\omega t)$$
$$= \frac{V_m}{\omega L}\sin\left(\omega t - \frac{\pi}{2}\right) \tag{15-10}$$

이고, 전압이 전류보다 위상이 $\pi/2$ 앞선다. 전류의 최대값은 다음과 같이 표현할 수 있다.

$$I_m = \frac{V_m}{X_L} \tag{15-11}$$

여기서 $X_L = \omega L$이고, 유도형 들이저항 (inductive reactance)이라 한다.

D RLC 회로

RLC 직렬회로에 교류 전압을 인가하면 앞에서 논의한 것과 같이 각 소자마다 전압과 전류의 위상차이가 발생하고 전체 RLC 회로의 전류와 전압의 위상이 소자의 값에 따라 차이가 생기게 된다. 이것을 그림으로 나타내면 그림 15-1 과 같다. 그림 15-1 로부터

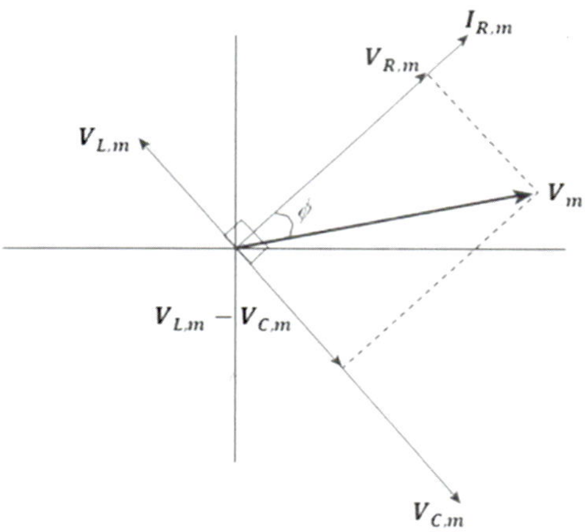

[그림 15-1] RLC 회로에서 전류, 전압 위상차

$$V_m = \sqrt{V_{R,m}^2 + \left(V_{L,m} - V_{C,m}\right)^2} \tag{15-12}$$

의 관계를 만족한다. 또한 각 소자의 최대 전류와 전압사이의 관계는

$$V_{R,m} = RI_m \tag{15-13}$$

$$V_{L,m} = X_L I_m \tag{15-14}$$

$$V_{C,m} = X_C I_m \tag{15-15}$$

이므로 식 (15-12)는 다음과 같이 쓸 수 있다.

$$V_m = I_m \sqrt{R^2 + (X_L - X_C)^2} \tag{15-16}$$

따라서 RLC 직렬회로의 전류의 최대값은

$$I_m = \frac{V_m}{Z} \tag{15-17}$$

이다. 여기서

$$Z = \sqrt{R^2 + (X_L - X_C)^2} \tag{15-18}$$

이고 RLC 직렬회로의 임피던스라고 한다. 인가한 전압은 $V = V_m \sin(\omega t)$이고, 전류는 $I = I_m \sin(\omega t - \phi)$로 쓸 수 있으므로 전압과 전류의 위상차 ϕ 는 그림으로부터

$$\tan\phi = \frac{V_L - V_C}{V_R} = \frac{X_L - X_C}{R} \tag{15-19}$$

로부터 구할 수 있다.

식 (15-17)에서 전류의 최대값은 교류 전원의 ω에 따라 달라지는데, $X_L = X_C$일 때 최대가 된다.

즉,

$$\omega = \frac{1}{\sqrt{LC}} \tag{15-20}$$

또는

$$f = \frac{1}{2\pi\sqrt{LC}} \tag{15-21}$$

일 때 회로가 공진 상태에 있다고 하고, 이 주파수를 공진 주파수로 한다.

3 실험 기구 및 장치

(1) AC/DC 전기회로 장비

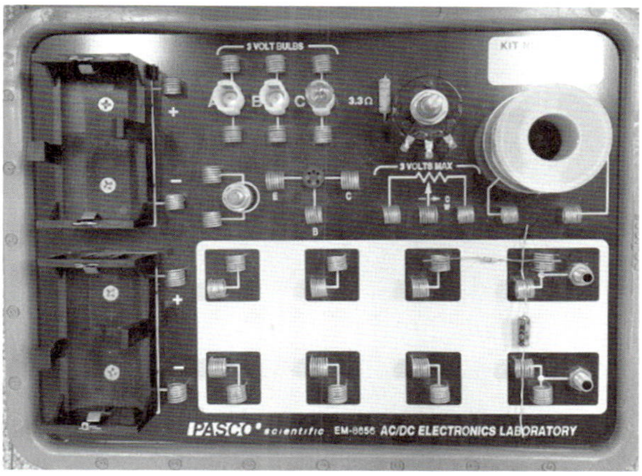

(2) Science Workshop 측정기

(3) 10 Ω 저항과 10 μF 축전기

4 실험 방법

A 저항형 회로

1. 그림 15-2 와 같이 전원에 10 Ω 저항을 연결한다.

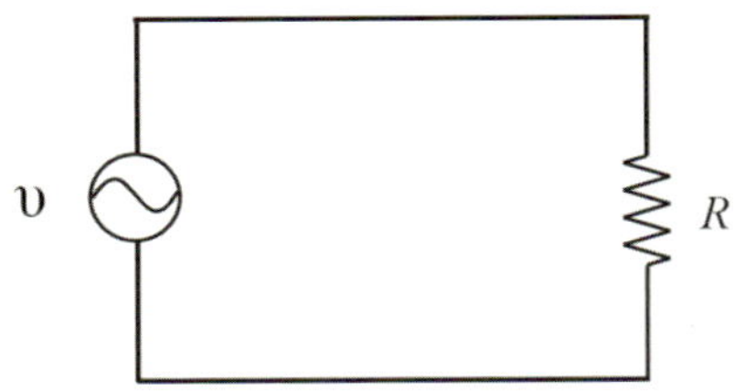

[그림 15-2] 저항형 회로

2. Data Studio 에서 “R Circuit” 파일을 연다. 750 신호 발생기를 3 V, 100 Hz 사인파로 설정한다. 750 인터페이스는 자동으로 가해준 전압과 발생한 전류를 측정한다. 이 실험에서는 전압 센서가 필요하지 않다.

■ 절차

1. START 를 클릭한다. 오실로스코프의 시간축을 조절해서 사인파가 1-2 주기의 파동이 보이도록 한다. STOP 을 클릭한다.
2. Smart Cursor 를 이용하여 전압과 전류의 위상차를 측정한다. 위상차는 두 사인파(전압파, 전류파)의 첨도 값의 각 차이이다. 다음 식으로부터 구할 수 있다.

$$\phi = \frac{\Delta T}{T} \times 360°$$

여기서 ΔT는 두 사인파의 최대값의 시간차이다.

B 용량형 회로

1. 그림 15-3 과 같이 전원에 10 μF 축전기를 연결한다.

[그림 15-3] 용량형 회로

2. Data Studio 에서 "C Circuit"파일을 연다. 750 신호 발생기를 3 V 사인파, 100 Hz 에 설정한다. 750 인터페이스는 자동으로 가해준 전압과 그로 인해 발생한 전류를 측정한다. 이 실험에는 전압 센서가 필요하지 않다.

■ 절차

1. START 를 클릭한다. 오실로스코프의 시간축을 조절해서 사인파가 1~2 주기가 보이도록 한다. STOP 을 클릭한다.
2. Smart Cursor 를 이용하여 전압과 전류의 위상차를 측정한다.

C 유도형 회로

1. 그림 15-4 와 같이 전원에 코일을 연결하고 코일에 철심을 삽입한다.

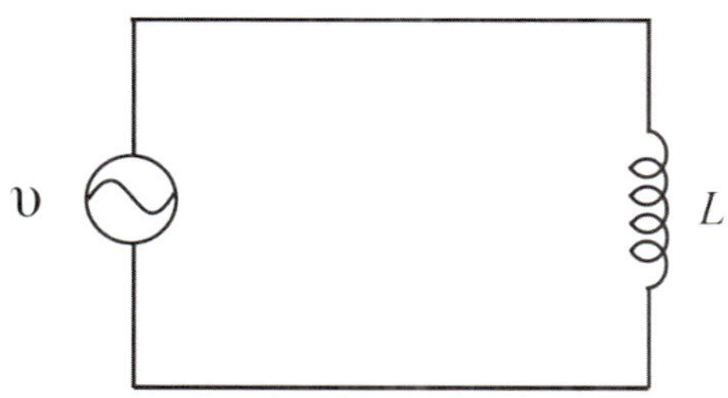

[그림 15-4] 유도형 회로

2. Data Studio 에서 "L Circuit" 파일을 연다. 750 신호 발생기를 3 V 사인파, 1000 Hz 에 설정한다. 750 인터페이스는 자동으로 가해준 전압과 그로 인해 발생한 전류를 측정한다. 이 실험에는 전압 센서가 필요하지 않다.

■ 절차

1. START 를 클릭한다. 오실로스코프의 시간축을 조절해서 사인파가 1~2 주기가 보이도록 한다. STOP 을 클릭한다.
2. Smart Cursor 를 이용하여 전압과 전류의 위상차를 측정한다.

D RLC 회로

1. 그림 15-5 와 같이 10 Ω 저항, 10 μF 축전기와 철심 코일을 전원에 직렬로 연결한다.

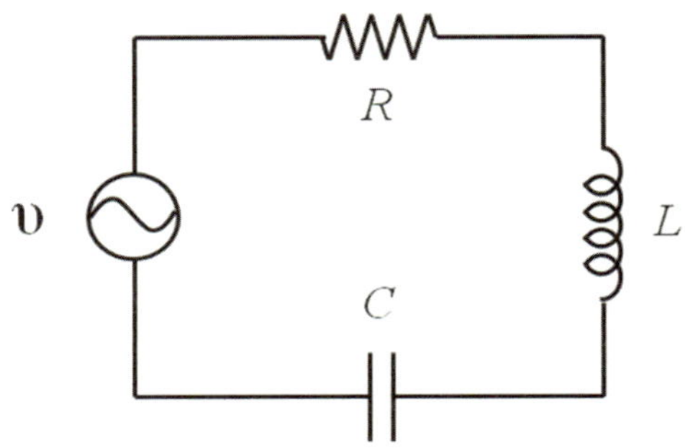

[그림 15-5] 직렬 RLC 회로

2. Data Studio 에서 "Resonance Curve"파일을 연다. 750 신호 발생기를 3 V 사인파, 20 Hz 에 설정한다. 750 인터페이스는 자동으로 가해준 전압과 그로 인해 발생한 전류를 측정한다. 이 실험에는 전압 센서가 필요하지 않다.

■ 절차

1. START 를 클릭한다. 오실로스코프의 시간축을 조절해서 사인파가 1,2 주기가 보이도록 한다. STOP 을 클릭한다.
2. Current box 를 클릭하고, Smart Cursor 를 이용하여 최대 전류를 구한다. 10 Ω 이 표시된 표에 주파수와 최대전류를 기입한다.

3. 신호 발생기의 주파수를 20 Hz 증가시킨다. 2 번 과정을 실시한다. 필요한 경우, 다시 돌아가서 저주파수에 있는 데이터 포인트를 선택하여 공명 곡선에 채워 넣는다. 다시 돌아가야 하는 경우에는 그래프 상의 연결선이 주파수 순서대로 포인트를 연결할 수 있도록 표에 적절한 포인트에 해당하는 새로운 열을 삽입하여야 한다.
4. 주파수가 3000 Hz가 될 때까지 3 번 과정을 반복한다. 반드시 피크 근처에서 충분한 데이터 포인트를 수집하여야 한다.
5. 기록한 데이터로부터 전류가 최대로 되는 주파수를 결정한다. 식 (15-21)로부터 구한 주파수와 비교한다.
6. 전압과 전류의 위상차를 100 Hz, 3000 Hz 그리고 공진주파수에서 구한다.
7. 저항을 10 Ω 에서 100 Ω 로 바꾼 다음 2~4 번 과정을 반복한다

E RLC 회로의 전압

1. 그림 15-6 에서와 같이 회로를 가해준 전압과 직렬이 되도록 코일 안에 철심이 삽입된 인덕터, 10 μF 축전기 및 10 Ω 저항으로 바꾼다. 회로에 3 개의 전압 센서를 추가한다. 하나는 인덕터와 연결해 채널 A 에, 또 하나는 축전기와 연결해 채널 B 에, 나머지 하나는 저항과 연결해 채널 C 에 꽂는다. 인터페이스의 지정된 채널에 센서를 꽂도록 유의한다.

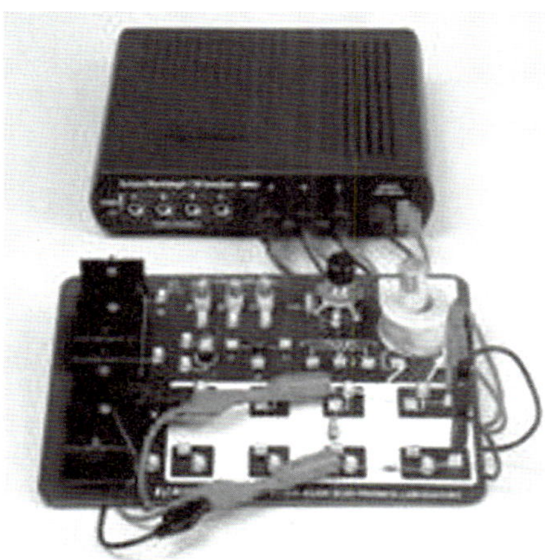

[그림 15-6] 전압 센서가 연결된 RLC 회로

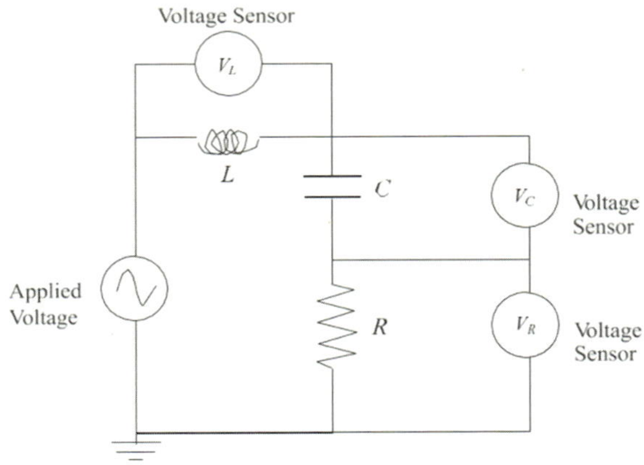

[그림 15-7] RLC 회로도

2. Data Studio 에서 "LRC Voltages" 파일을 열고, 750 신호 발생기를 3 V 사인파, 200 Hz 에 설정한다.

■ 절차

1. START 를 클릭한다. 1 주기의 파동을 볼 수 있게 오실로스코프의 시간축을 조정한다. STOP 을 클릭한다. 모든 전압의 스케일은 전압의 진폭을 쉽게 비교할 수 있도록 1V/division 으로 설정되어 있다는 것에 주의한다.
2. 전압을 더 자세히 비교하려면 오실로스코프의 데이터를 그래프로 보내야 한다. 오실로스코프의 데이터를 그래프로 보내려면, 오실로스코프의 우측에 있는 "Voltage across L" 박스를 클릭한 다음, 오실로스코프의 상단에 있는 데이터 내보내기 버튼을 클릭한다. 이렇게 하면 전압에 관한 데이터 파일이 만들어진다. 오실로스코프의 우측에 있는 각각의 박스에 대해 동일한 절차를 반복한다.
3. 좌측의 데이터리스트에 열거되어있는 각 전압데이터를 단일 그래프로 드래그한다.
4. 그래프 상단에 있는 Lock 버튼을 클릭하여 모든 시간축을 한꺼번에 고정시킨다.
5. 하나씩 차례로, 그래프 상의 각 범례(Legend)을 클릭한 다음, 그래프 상단에 있는 스마트 커서를 클릭하여 각 파동에 해당하는 커서를 실행시킨다. 커서들을 이동시켜서 각 파동에서 데이터 포인트를 찾게 하고 서로 얽히도록 한다.
6. 파동이 전압축과 교차하는 전압 지점에 커서를 놓는다. 이러한 특정시간에 인덕터, 축전기 및 저항기를 지나가는 전압을 읽는다. 대수적으로 이들 세 전압을 전부 더한다. 세 전압의 합은 특정 시간에 가해준 전압과 일치하는가? Kirchhoff 의 고리법칙(Loop

Rule)는 AC 회로에 적용되는가?

7. 커서를 이용하여 가해준 전압과 전류의 위상차를 측정한다. 식 (19)을 이용하여 이론상의 위상차이를 계산한다. 측정값과 이론 값의 백분율오차를 계산한다.
8. 식 (15-18)를 이용하여 이 주파수에서의 임피던스를 계산한다. 계산한 임피던스를 이용하여 이론상의 최대 전류를 계산한다. 그래프 상에서 최대전류를 계산하고 비교한다.

[주의] 전기저항계 (ohmmeter) 사용이 가능하다면 인덕터의 저항을 측정하여 회로의 총 저항에 포함시킬 수 있다.

9. 가해준 전압과 회로의 각 구성성분(R, L, 및 C)을 교차하는 전압의 위상차를 측정한다. 그리고 이론값과 비교한다.

실험 15 RLC 회로

학 과 :	학 번 :	이 름 :
실험일 :	실험조 :	제출일 :

1. 실험 결과

A 저항형 회로

주파수	전압 최대값	전류 최대값	저항(Ω)
Hz			
Hz			
Hz			
전류–전압 위상차			

B 용량형 회로

주파수	전압 최대값	전류 최대값	$X_c(\Omega)$
Hz			
Hz			
Hz			
전류–전압 위상차			

C 유도형 회로

주파수	전압 최대값	전류 최대값	$X_L(\Omega)$
Hz			
Hz			
Hz			
전류-전압 위상차			

D RLC 회로

주파수	전압 최대값	전류 최대값	$Z(\Omega)$	위상차
Hz				
Hz				
Hz				

계산에 의한 임피던스 및 위상차

2. 실험 결과 및 토의

실험 16

Faraday의 유도법칙

1 실험 목적

움직이는 코일에 유도되는 기전력을 측정하여 Faraday의 법칙과 Lenz의 법칙을 적용하고 부하 저항기 (load resistor)에서 소모된 에너지와 코일 진자의 진폭손실을 비교하여 에너지 보존에 대해 알아본다.

2 이론 및 원리

유도 기전력

자기장이 통과하는 면의 자기다발는 다음과 같이 정의된다.

$$\Phi = \int \vec{B} \cdot d\vec{A} \tag{16-1}$$

자기장과 면이 수직으로 만나면 $\Phi = BA$이다. 패러데이의 유도법칙은 이 자기다발이 시간에 따라 변하는 비율에 비례하여 유도 기전력이 발생한다는 것이다. 즉,

$$\mathcal{E} = -N\frac{d\phi}{dt} \tag{16-2}$$

이다. 여기서 – 부호는 유도 기전력의 방향이 자기다발의 변화를 방해하는 방향으로 발생한다는 의미이다 (렌츠의 법칙). N은 코일의 감는 수이다. 코일의 면적은 일정하므로 코일이 자기장을 통과함에 따라 발생하는 평균 기전력은

$$\mathcal{E} = -NA\frac{\Delta B}{\Delta t} \tag{16-3}$$

이 된다.

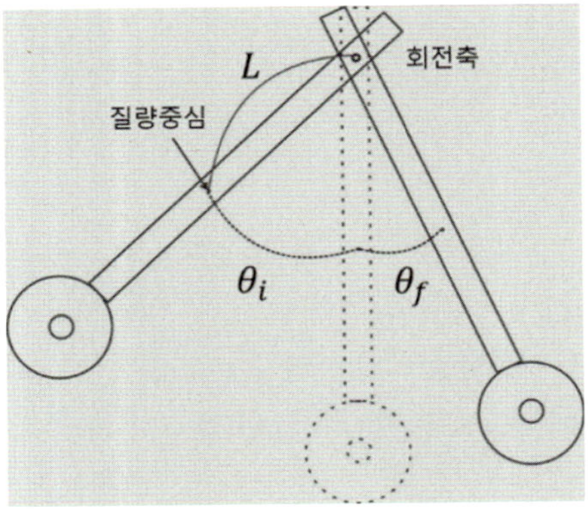

[그림 16-1] 회전 진동자 질량중심의 초기위치와 최종위치

진자의 질량 중심이 최고 높이 h_i로 정지 상태에서 시작한다면, 초기 중력 퍼텐셜에너지는

$$U = mgh_i \tag{16-4}$$

이다. 진자가 움직이고 자석을 통과함에 따라, 일부 에너지는 기계마찰열로 손실되며 일부 에너지는 전기 에너지로 전환된 다음 저항기에서 열에너지로 전환된다. 따라서 진자의 질량 중심은 동일한 높이가 아닌 보다 낮은 최종 높이 h_f로 상승한다 (그림 16-1 을 참조할 것). 진자가 잃어버린 총 에너지는 진자의 중력 퍼텐셜에너지의 변화량과 동일하다.

$$\text{Total Energy Lost} = \Delta U = mg(h_f - h_i) \tag{16-5}$$

회전축으로부터 진자의 질량중심까지의 거리를 L이라하면 에너지 변화량은

$$\Delta U = mg\left(h_f - h_i\right) = mgL(\cos\theta_f - \cos\theta_i) \tag{16-6}$$

이 된다 (그림 16-1 참조).

저항기 (R)에서 소모된 열에너지는 다음과 같다.

(16-7)

$$E = \int Pdt = \text{Area } P \text{ vs. } T \text{ graph}$$

여기서 P는 전력이고 T는 시간이다.

전력은 다음 식으로부터 구할 수 있다.

$$P = I^2(R + r) = \left(\frac{V}{r}\right)^2 (R + r) \qquad (16-8)$$

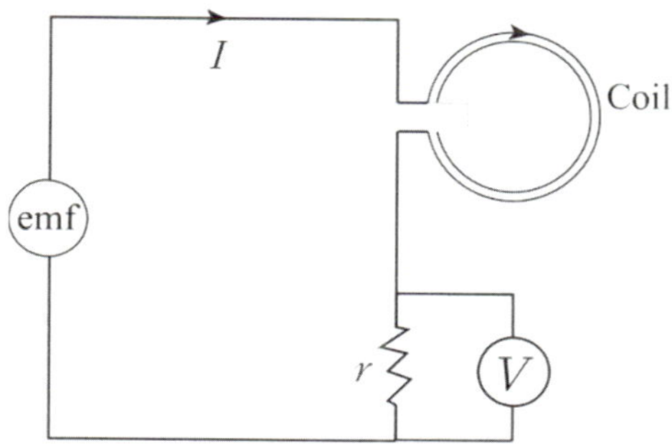

[그림 16-2] 회전 진동자의 등가회로

여기서 V는 저항 r의 양단의 전압, I는 코일을 통해 흐르는 전류이며, R은 코일의 저항이다. 본 실험에서, $R = 1.9\ \Omega$이고, $r = 4.7\ \Omega$이다.

3 실험 기구 및 장치

(1) 코일진자

(2) 자석

(3) 전압감지기

(4) 자기장 감지기

(5) 회전운동 감지기 광학대

4 실험 방법

A 장치구성

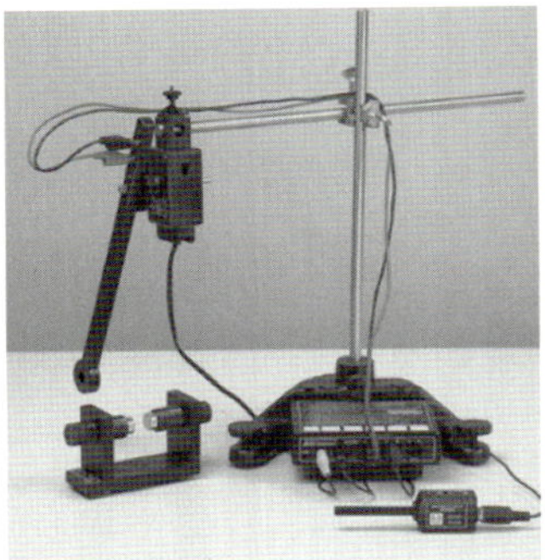

[그림 16-3] 장치개요도

[그림 16-4] 자석 극판 설치

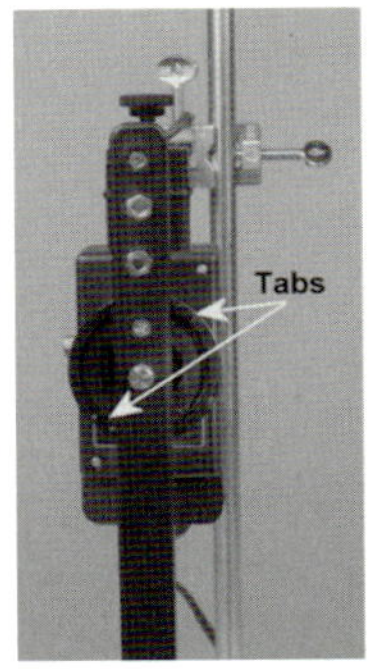

[그림 16-5] 회전운동센서 연결

1. 그림 16-3 에 나온 것과 같이 봉을 스탠드에 놓고 교차봉(cross-rod)을 이것에 고정시킨다. 회전운동센서를 교차봉의 끝에 둔다.
2. 그림 16-4 에 나온 것과 같이 극판을 자석에 놓는다. 자석극간 차이를 조절하여 코일 막대가 통과하되 자석극이 서로 가능한 가까이 있도록 한다.
3. 그림 16-5 에 나온 것과 같이, 코일 막대를 막대의 각 면 바로 옆에 3 단계 풀리(pulley)상의 랩을 사용하여 회전운동센서에 부착한다.
4. 코일의 높이를 조절하여 자석의 가운데에 있게 한다. 좌우로 막대를 정렬하여 자석에 부딪치지 않으면서 자석을 통해 움직일 수 있게 한다.
5. 전압 센서의 플러그를 ScienceWorkshop 750 인터페이스의 채널 A 에 꽂는다. 회전 운동센서의 플러그를 채널 1, 2 에 꽂는다. 자기장 센서(Magnetic Field Sensor)의 플러그를 채널 B 에 꽂는다.
6. 전압 센서 바나나 플러그를 코일 막대 끝의 바나나 잭(banana jack)에 꽂는다. 그림 16-3 에 나온 것과 같이 전압 센서 와이어를 봉(rods)에 걸쳐서 코일이 움직임에 따라 와이어가 코일상에서 토크를 발생시키지 않도록 한다.
7. DataStudio를 실행한 후 “Induced emf”라고 부르는 DataStudio 파일을 연다.

B 실험절차

유도 기전력

1. START를 클릭한다. 자석상의 극판과 함께 자기장 센서를 사용하여 자석극간 자계 강도를 측정한다. STOP을 클릭한다. 자석의 어떤 극이 N극인지 기록한다.
2. 코일 막대를 뒤로 당긴 다음 START 를 클릭하고 코일 막대를 자석을 통해 움직이게 한다. 그런 다음 STOP 을 클릭한다.
3. 코일이 자석을 통과한 다음 확대기 툴(Magnifier Tool)을 사용하여 전압 vs. 시간 그래프의 부분을 확대한다.
4. 마우스 최초 정점을 표시하고 평균 전압을 찾는다.
5. 스마트 커서(Smart Cursor)를 사용하여 최초 정점의 시작부터 끝까지 시간 차이를 결정한다.
6. 식 (16-3)을 사용하여 평균 emf의 값을 계산한다. 이 값을 그래프에서 측정한 값과 비교한다.

에너지

1. 코일 막대를 제거하고 4.7 Ω 저항기의 플러그를 막대 손잡이의 끝에 꽂는다. 테이블의 가장 자리에서 균형을 맞춰서 코일 막대 질량중심을 찾는다. 피벗 포인트부터 질량중심까지의 거리를 측정한다.
2. 자석 극판을 제거한다. 그림 16-6 에 나온 것과 같이, 코일 막대를 회전운동센서에 부착하고 전압센서(Voltage Sensor)의 플러그를 꽂아 접속한다.
3. "Induction Energy"라고 부르는 DataStudio 파일을 연다.

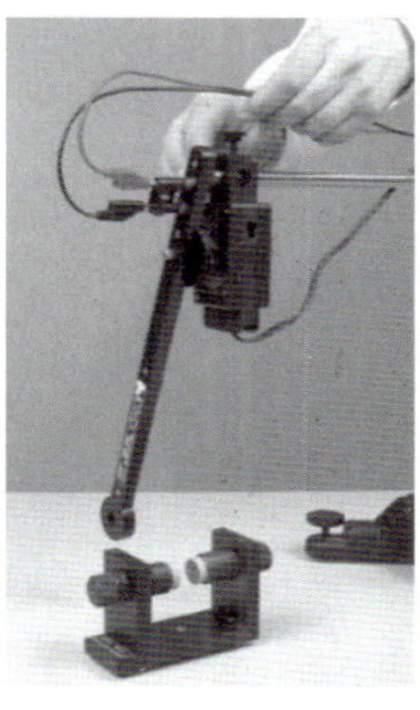

[그림 16-6] 에너지 보존 실험 장치 개요도

4. 먼저, 완전한 회로에서 연결된 코일 없이 진자를 움직이게 하여 마찰로 손실된 에너지량을 측정한다. 저항기 플러그를 뽑아 내고 다시 플러그를 꽂는다. 이 때 플러그 하나는 현재 위치로, 다른 한 플러그는 막대에 둔다 (그림 16-7 을 참조할 것). 이것은 질량중심을 바꾸지 않으면서 전압센서 와이어를 끊지 않으면서 코일을 차단한다.

[그림 16-7] 코일의 차단

5. 코일 사이에 평형 위치에서 정지 상태로 코일을 사용하여 START를 클릭한다. 그런 다음 막대를 최초 각도 25 도로 회전시켜서 움직이게 한다. 이것이 다른 쪽으로 움직인 후에 STOP을 클릭한다.
6. 진자가 자석을 한 번 통과한 후 상승하는 각도를 측정한다. 질량 중심으로부터 피벗까지의 거리를 사용하여 최초 및 최종 높이를 계산하고 최초 및 최종 각도를 계산한다. 식 (16-5)를 사용하여 마찰에 의해 손실된 에너지를 계산한다.
7. 저항기를 막대의 두 플러그와 재결합한다. 이로써 저항기의 직렬회로와 코일이 완전한 상태로 된다.
8. 코일 사이에 평형 위치에서 정지 상태로 코일을 사용하여 START을 클릭한다. 그런 다음 막대를 최초 각도 25 도로 회전시켜서 움직이게 한다. 이것이 다른 쪽으로 움직인 후에 STOP을 클릭한다.
9. 진자가 자석을 한 번 통과한 후 상승하는 각도를 측정한다. 질량 중심으로부터 피벗까지의 거리를 사용하여 최초 및 최종 높이를 계산하고 최초 및 최종 각도를 계산한다. 식 (16-5)를 사용하여 손실된 총 에너지를 계산한다.
10. 전력 vs. 시간 그래프상의 두 정점을 표시하고 그 영역을 찾는다. 이 영역이 저항기에 의해 방산된 에너지이다.
11. 저항기에 의해 방산된 에너지와 손실된 에너지를 마찰에 추가시킨다. 이것을 진자에 의해 손실된 총 에너지와 비교한다.

실험 16 페러데이의 유도법칙 실험

학 과 :	학 번 :	이 름 :
실험일 :	실험조 :	제출일 :

Induction Wand (EM-8099) - 코일 감긴 횟수: 200 회, 코일 치수 : 3.1cm (= $2r_{out}$), 1.9cm (= $2r_{in}$)

$$\text{면적}(A)\ [m^2] = \pi\left(\frac{r_{out}+r_{in}}{2}\right)^2 = \pi r_{avg}^2 = 4.908\times10^{-4}$$

A 유도기전력

	측정 값			이론 값
측정횟수	자기장 세기 변화(ΔB) [T]	시간 차(Δt) [s]	평균 전압 [V]	유도기전력(ε) [V]
1				
2				
3				
평균				
자기장 단위 : 1 G=10^{-4} T		오차 (%)		

패러데이 법칙
$\varepsilon = -NA\dfrac{\Delta B}{\Delta t}$

B 에너지보존

* 코일은 43°에서 시작하며, 두 실험 모두에서 동일한 각도에서 측정한다.

가. 마찰에 의한 에너지 손실 (저항기 연결 X)

횟 수	초기각도 (°)	초기 에너지 (mJ)	나중각도 (°)	나중 에너지 (mJ)	마찰에 의한 에너지 손실 (mJ) (=초기 에너지-나중 에너지)-①
1					
2					
3					

나. 저항기에 의한 에너지 손실 (저항기 연결 O, 저항=4.7Ω)

횟 수	초기각도 (°)	초기 에너지 (mJ)	나중각도 (°)	나중 에너지 (mJ)	총 손실된 에너지 (mJ)-②	저항기에 의해 방산된 에너지 (mJ) (③=②−①)
1						
2						
3						

2. 실험 결과 및 토의

실험 **17**

빛의 반사와 굴절

1 실험 목적

레이저(laser)를 이용하여 빛의 반사 및 굴절 법칙을 이해하고, 임계각을 측정하여 물질의 굴절률을 구한다.

2 이론 및 원리

그림 17-1 과 같이 빛이 굴절률이 n_1인 매질에서 굴절률이 n_2인 매질로 들어갈 때, 그 경계면에서 반사와 굴절이 일어난다. 경계면의 법선과 입사 광선이 이루는 각을 입사각 θ라 하고, θ'과 θ''는 각각 반사각과 굴절각이라 한다. 빛의 반사 및 굴절의 법칙은 입사광선, 반사광선, 굴절광선이 모두 경계면의 법선을 포함하는 동일 평면상에 존재하며 θ, θ', θ'' 사이의 관계는

$$\theta = \theta', \quad \text{(반사의 법칙)} \tag{17-1}$$

과

$$\frac{\sin\theta}{\sin\theta''} = \frac{n_2}{n_1}, \quad \text{(굴절의 법칙 : 스넬의 법칙)} \tag{17-2}$$

이다.

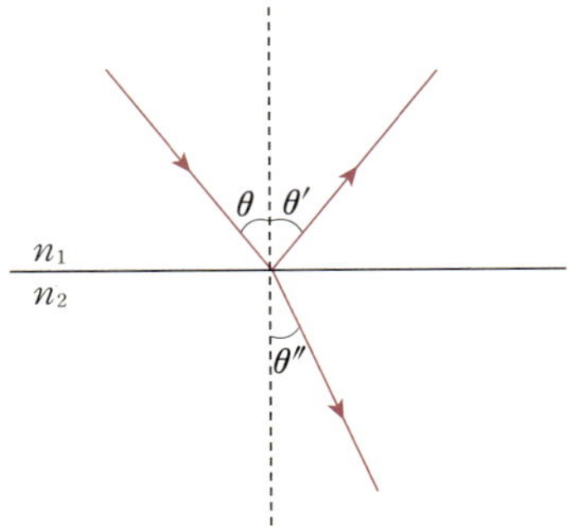

[그림 17-1] 경계면에서의 반사와 굴절

한편 굴절률이 큰 물질 (n_1)에서 굴절률이 작는 물질 (n_2)로 빛이 진행할 때에 어떤 입사각 θ_c이상에서는 굴절광은 없고 모든 빛이 반사되는 전반사가 일어난다. 이 전반사가 시작하는 입사각 θ_c를 임계각이라 하며, 이 때 굴절각이 90 도 이므로

$$\sin\theta_c = \frac{n_2}{n_1} \tag{17-3}$$

의 관계가 성립한다. 만일 $n_2 = 1$, 즉 진공 (혹은 공기)으로 빛이 굴절되어 들어간다면, 전반사가 일어나는 임계각 θ_c와 입사매질 n_1과의 관계식은 식 (17-3)으로부터

$$\sin\theta_c = \frac{1}{n_1} \tag{17-4}$$

이 된다.

3 실험 기구 및 장치

(1) 반원형 프리즘 (유리 또는 플라스틱)
(2) 극좌표판
(3) 평면거울
(4) 지지대
(5) He-Ne 레이저 (혹은 다이오드 레이저)

4 실험 방법

A 반사

1. 레이저 광, 극좌표판, 평면거울 및 지지대 등을 그림 17-2 (a)와 같이 배치한다.
2. 평면 거울이 각도기판 중심을 지나고 각도기판에 수직이 되도록 세우고 입사광이 각도기 중심을 향하도록 한다.
3. 입사광과 반사광이 모두 판에 대하여 수평이 되도록 맞춘 후에 극 좌표판을 돌리면서 반사 되어 나오는 광선을 스크린에서 찾는다.
4. 입사각과 반사각을 측정한다.

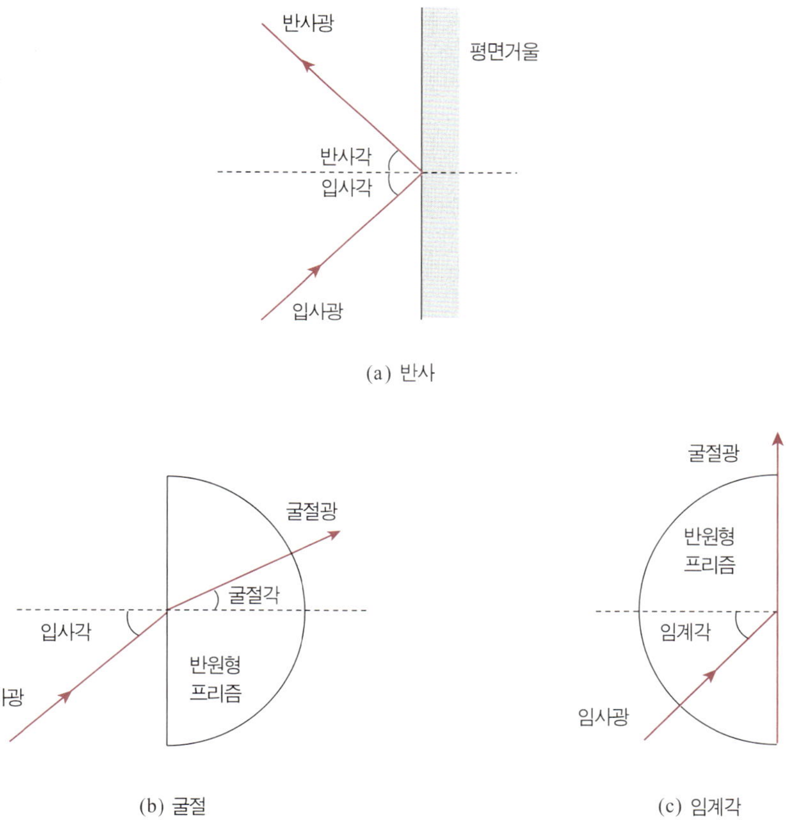

[그림 17-2] 빛의 반사와 굴절 및 전반사 실험

B 굴절

1. 그림 17-2 (b)와 같이 반원형 프리즘의 직경인 면이 각도판 중심을 지나도록 놓고 입사광 과 굴절광에 대하여 반사 실험 때와 같은 조정을 한다.
2. 작은 입사각으로부터 각도기를 돌리면서 스크린에서 광선을 찾으며 입사각과 굴절각을 측정한다.

C 임계각 (전반사)

1. 굴절 실험 때와 반대로 그림 17-2 (c)와 같이 반원형 프리즘의 둥근 면으로 광선이 입사하 도록 하여 입사각을 증가시키며, 굴절광이 사라지기 시작하는 입사각까지 입사각을 조절하여 임계각 θ_c를 측정한다.
2. 굴절 실험에서 측정한 굴절률을 사용하여 식 (17-4)로부터 임계각을 계산하여 측정값과 비교하여 본다.

실험 17 빛의 반사와 굴절 실험

학 과 : 학 번 : 이 름 :
실험일 : 실험조 : 제출일 :

1. 실험 결과

A 반사의 법칙 $\theta_1=\theta_2$

입사각(°)	1 회	2 회	3 회	평균굴절각(°)
	반사각(°)	반사각(°)	반사각(°)	
20				
30				
40				
50				
60				

B 굴절의 법칙

스넬의 법칙
$n_1\sin\theta_1 = n_2\sin\theta_2$

굴절률 n_2, 이론값

입사각(°) (θ_1)	1 회	2 회	3 회	평균굴절각(°) θ_2	굴절률 n_2, 측정값	오차(%)
	굴절각(°)	굴절각(°)	굴절각(°)			
20						
30						
40						
50						
평균						

공기의 굴절률(n_1)= 1.0

유리의 굴절률(n_2)= 1.46

C 전반사 (유리 -> 공기, 조건: 굴절률이 큰 매질에서 굴절률이 작은 매질로)

전반사 임계각
$\therefore \theta_c = \arcsin(\frac{n_2}{n_1})$

임계각(°) θ_c, 이론값

	1회	2회	3회	임계각(°) θ_c, 측정값 평균	오차(%)
임계각(°)					

유리의 굴절률(n_1)= 1.46

공기의 굴절률(n_{21})= 1.0

※전반사 임계각 유도
$n_1 \sin\theta_1 = n_2 \sin\theta_2$ 이때 $\theta_2 = 90°$ $\therefore \sin\theta_1 = \frac{n_2}{n_1}$ $\therefore \theta_1 = \theta_c = \arcsin(\frac{n_2}{n_1})$

2. 실험 결과 및 토의

실험 **18**

편광 및 Brewster 각

1 실험 목적

빛의 편광을 이해하고 빛이 편광판을 통과했을 때 빛의 세기가 어떻게 감소하는지를 관측한다. 한편 Brewster 법칙을 이해하고 Brewster 각을 측정하여 물질의 굴절률을 계산한다.

2 이론 및 원리

A 편광

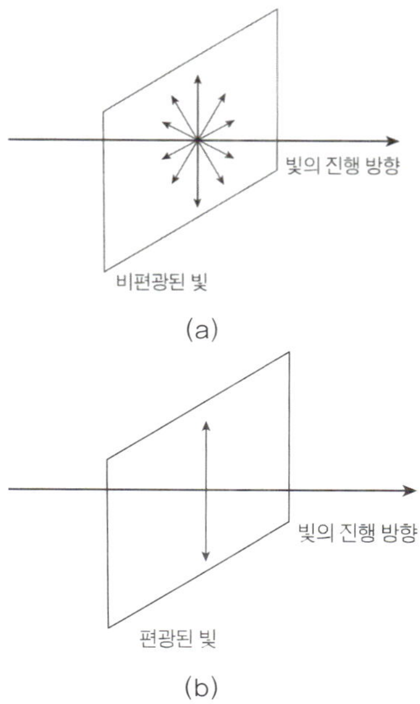

[그림 18-1] 비편광된 빛과 편광된 빛에서 전기장의 진동

그림 18-1 과 같이 편광이 되지 않는 빛은 진행방향에 수직한 면에 모든 방향으로 진동하는 전기장을 가지고 있다. 이러한 빛을 비편광된 빛이라 한다. 이러한 비편광된 빛을 편광판을 통과 시키면 편광판의 축방향으로 진동하는 전기장 성분만 통과하므로 그림 18-1 의 (b)와 같이 한 방향으로 진동하는 전기장만이 통과한다. 이러한 빛을 (선형)편광된 빛이라 한다. 비편광된 빛 이 편광판을 통과하면 빛의 세기가 절반으로 줄어드는데 이를 절반규칙이라 한다. 즉

$$I = \frac{1}{2}I_0 \tag{18-1}$$

이다. 여기서 I 는 편광판을 통과한 후의 빛의 세기이고, I_0 는 편광판을 통과하기 전의 비편광된 빛의 세기이다. 한편 한 방향으로 편광된 빛이 편광방향과 θ의 각도를 이루는 다른 편광판을 통과하게 되면 빛의 세기는 다음과 같이 주어진다.

$$I' = I\cos^2\theta \tag{18-2}$$

여기서 I'는 편광판을 통과한 후의 빛의 세기이고, I 는 다른 편광판을 통과하기 전 편광된 빛의 세기이다. 이를 코사인 제곱규칙이라 한다.

B Brewster 각

비편광된 빛은 빛의 전기장 성분이 입사면 (입사광선, 반사광선과 굴절광선이 이루는 면)에 대 해 수직인 성분과 수평인 성분의 크기가 같다. 비편광된 빛이 표면에서 반사할 때, 빛은 부분적으로 반사 표면의 면과 평행하게 (입사면에 수직하게) 편광된다. 빛이 완전히 입사면에 수직으로 편광되는 특수한 각이 있는데 이를 Brewster 각이라 한다.

그림 18-2 는 광선이 굴절률이 다른 경계면에서 반사와 굴절이 되는 것을 나타낸다.

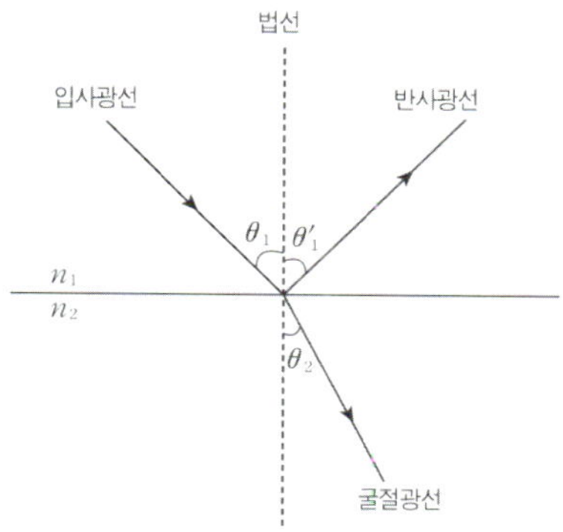

[그림 18-2] 반사와 굴절

반사법칙에 의해

$$\theta_1 = \theta_1' \qquad (18-3)$$

이고, 굴절법칙(Snell 법칙)에 따르면

$$n_1 \sin\theta_1 = n_2 \sin\theta_2 \qquad (18-4)$$

여기에서, n_1과 n_2는 각 매질의 굴절률이며, θ_1, θ_1', θ_2는 각각 경계면에 수직한 법선에 대한 입사광선, 반사광선 및 굴절광선이 이루는 각이다.

빛이 Brewster 각으로 입사하는 경우 반사광선과 굴절광선이 수직이라는 것이 실험적으로 밝혀졌다. 따라서

$$\theta_1 + \theta_2 = 90 \qquad (18-5)$$

$\theta_1 = \theta_b$로 놓고 위의 두 식을 연립하면

$$n_1 \sin\theta_B = n_2 \sin\theta(90 - \theta_B) = n_2 \cos\theta_B \qquad (18-6)$$

가 된다. 그러므로 Brewster 각은

$$\theta_B = \tan^{-1}\frac{n_2}{n_1} \qquad (18-7)$$

이다. 빛이 공기 중에서 굴절률 n 인 물질의 표면으로 입사하는 경우에 n_1=1, n_2=n 으로 바꾸면 Brewster 각은

$$\theta_B = \tan^{-1} n \tag{18-8}$$

또는

$$n = \tan\theta_B \tag{18-9}$$

가 된다. 따라서 Brewster 각을 측정함으로써 물질의 굴절률을 알아낼 수 있다.

3 실험 기구 및 장치

(1) Brewster 각 측정 장치

(2) 분광 광도계

(3) 다이오드 레이저

(4) 광원

(5) 편광판

4 실험 방법

A 코사인 제곱 규칙

1. 트랙에 광원을 설치한다.
2. 트랙에 흡광광도계를 부착한다.
3. 편광판이 설치되지 않는 상태에서 광원의 세기를 측정한다.
4. 편광판을 하나 설치하고 편광판을 통과한 빛의 세기를 측정한다.
5. 편광판을 하나 더 설치하고 두 개의 편광판의 각도 별 통과한 빛의 세기를 측정한다.

B Brewster 각 측정

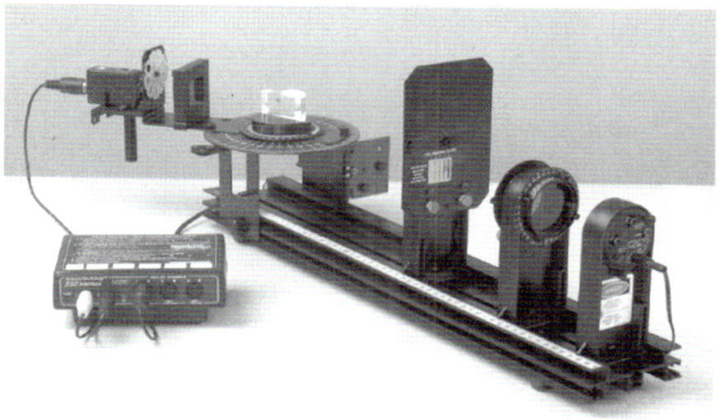

[그림 18-3] Brewster 각 측정 장치도

1. 트랙에 흡광광도계 테이블을 부착한다. 그림 18-3 에 제시된 바와 같이 트랙에 다이오드 레이저, 편광판 2 개를 올려놓는다. 스핀들의 큰 직경을 이용하여 흡광광도계 테이블에 회전센서를 설치한다 (그림 18-4 참조).

[그림 18-4] 회전센서의 설치

2. 흡광광도계 디스크는 0 점 표시가 정상 상태에 있는 그러한 위치에서 180 도 표시를 이용하여 뒤쪽으로 끼워져야 한다.
3. 2 개의 원형 편광자가 홀더에 사용된다. (레이저에서 두 번째에 위치하는) 두 번째 편광자를 45 도로 회전시키고 황동나사를 죄어서 적절하게 잠가준다. (레이저에 가장 가까이 위치하는) 첫 번째 편광자는 실험 과정 전반에 걸쳐 빛의 수준을 조정하는데 사용된다. 입사광에 대한 반사광의 비를 측정하므로, 입사광의 수준이 50% 이상으로 유지되는 경우보다 적절한 데이터를 얻을 수 있다.

[그림 18-5] 분석 편광자의 설치

4. 그림 18-5 에서와 같이 사각형의 분석 편광자를 설치한다. 분석 편광자에는 투과축(transmission axis)이 표시되어 있으며, 일반적인 용도를 위해 라벨은 축과 평행을 이루면서 상단에 위치해야 하며 그에 따라 반사광의 편광 축과 90 도를 이루어야 한다. 이는 반사광의 "*p*" (parallel, 평행) 구성요소에 나타난 변화를 반영한 것으로, 브루스터 각을 결정하고 굴절률을 계산하는데 사용된다. 그러나, 분석 편광자를 투과축과 수직이 되도록 배치하게 되면, 반사광의 "*s*" (perpendicular, 직각) 구성요소에 나타난 변화도 확인할 수 있다.
5. 45 도 편광자는 레이저 광이 이미 편광화되어 있는 문제를 해결하는데 사용된다. 반사광의 s 및 p 구성요소의 상대적인 세기를 파악하기 위해 빛을 45 도에서 편광시킨다.
6. 작은 크기의 금속 Brewster 각의 베이스 디스크를 나사로 조이고 영점을 조절하여, ANGLE 단어에서 N 에 해당하는 위치 위로 라벨 상단의 마크가 흡광광도계 디스크의 0 도 표시와 일직선을 이루도록 해야 한다.
7. 플라스틱 베이스에는 0 점 표시가 2 개 있다. 반사광의 경우, 진자 보다 높은 디딤판을 사용하여 측면에 위치하는 0 점 표시를 사용한다. D 렌즈는 데이터를 수집하는 동안 디딤판에 반대하여 보다 낮는 표면 플러시(surface flush)에 위치하게 된다. 다른 0 점 표시는 스넬의 법칙의 경우와 같이 투과에 사용된다.
8. 레이저 빔을 정렬하려면 모든 편광자, 조준슬릿 및 D 렌즈를 분리한다. 흡광광도계 지지대(a)를 180 도에 설정한다. 레이저 상의 x-y 조정장치를 사용하여 광센서 슬릿의 중앙에 레이저 빔이 위치하도록 한다. 광센서 브라킷 슬릿는 4 번에 위치해야 한다. 조준슬릿을 트랙에 올려놓고 슬릿 위치를 조정하여 레이저 빔이 4 번 슬릿을 통과하도록 한다.
9. 회전 센서를 Science Workshop 750 인터페이스의 채널 1 과 채널 2 에 꽂는다. 광센서를 채널 A 에 꽂는다. "브루스터 (Brewsters)"라는 DataStudio 파일을 불러온다.

– 실험 절차

1. 분리한 D 렌즈를 사용하여, 회전 센서에 대한 각의 영점을 조절한다. 흡광광도계 지지대를 회전시켜 레이저 빔이 광센서 슬릿의 중앙에 위치하도록 한다. 흡광광도계 디스크는 180 도 근처에 위치해야 하지만, 그러한 각도를 약간 벗어나더라도 문제가 되지 않는다. START를 클릭하고 레이저 전면에서 지지대를 앞뒤로 움직이면서 컴퓨터 상에 나타나는 세기를 확인한다. 최대 세기를 나타내는 위치에서 정지한다. STOP을 클릭하고 실제 데이 터의 실행을 위해 프로그램이 시작될 때까지 지지대를 움직이지 않도록 한다. 이러한 과정을 통해 회전 센서에 대한 영점은 빔의 중앙에 위치할 수 있게 된다. 디딤판에 대해 플랫폼 상에 D 렌즈를 위치시킨다.

[각도 측정에 대한 참고사항]

각은 (컴퓨터에 의해 기록된)실제 각을 2 로 나누어 계산한다. 가장 바람직한 절차는 흡광광도계 지지대를 이동하여 숫자 표시판에 나타난 각도를 읽은 후, 플라스틱 Brewster 디스크를 회전시켜 동일한 각도를 만들어주는 것이다. 그러므로, Brewster 디스크 상의 표시값은 (이 실험에서)편의를 위해 제공되는 것이므로 직접적으로 사용되지 않는다. 다만 슬릿상에서 정확하게 레이저 빔을 측정하려면, 숫자 표시판에서 최대 빛의 세기를 확인하는 동안 미세한 조정 작업을 수행해야 한다. 빛의 세기가 최대화 될 때까지 디스크나 흡광광도계 지지대를 조정할 수 있다.

2. START를 클릭한다. 절차 상의 모든 단계가 완료될 때까지 STOP을 클릭해서는 안 된다. 각도를 85 도로 설정한다. 사각형의 분석 편광자가 적절하게 배치되어야 한다. 브루스터 디스크를 약 85 도 회전시킨 후, 숫자 표시판의 빛의 세기를 주시하면서 위치를 미세 조정하 여 적절한 빔의 값을 측정한다. 충분한 빛의 세기를 얻기 위해 그러한 값이 반드시 정확해야 할 필요는 없다. (레이저에 가장 가까이 위치하는) 첫 번째 편광자를 회전시켜, 90%를 초과하지 않으면서 가능한 높은 값으로 수준을 조정한다. 광센서의 Gain는 1 또는 10 으 로 선택되어져있어야 한다.
3. 각을 테이블에 입력한다. 숫자 표시판의 빛의 세기를 읽고 “빛의 총량 (Total Light)”칸 안에 값을 기록한다. 슬릿 앞의 지지대에 사각형의 분석 편광자를 (축과 수평을 이루도록) 위치시킨다. (참고: 사각형의 분석 편광자는 지지대 상에 수평으로 평평하게 배치되어야 한다.) 숫자 표시판의 빛의 세기를 읽은 후 “편광된 빛(Polarized Light)”칸 안에 값을기록한다. 각각의 값을 입력한 후에는 엔터(Enter)를 눌러야 한다. 값이 그래프에 도표로 구성되는지 여부를 확인한다.
4. 분석 편광자를 분리하고 5 도를 증가시켜 다음 각으로 이동한다. 결과가 그래프에 동적으로 표시되므로, 빛의 세기가 최소값에 근접하는 시점을 확인할 수 있다. 최소값에 근접

한 데이터 포인트를 1 도 단위로 수집한다. 빛의 세기가 낮은 경우 (2% 이하), 10 이라는 인자를 사용하면 센서 상의 증가값을 손쉽게 상향 조정할 수 있다. 정확한 값을 얻으려면 측정된 빛의 세기를 10 으로 나누어야 하지만 이 방법으로도 훨씬 적절한 값을 구할 수 있다는 사실을 유념해야 한다.

5. 그래프 상단의 "맞춤"을 클릭하고 다항맞춤(polynomial fit)을 선택한다. 반사가 최소 수준이 되는 각도를 결정한다. 이 각도가 Brewster 각이다.

실험 18 편광 및 브루스터 각 측정 실험

학 과 :	학 번 :	이 름 :
실험일 :	실험조 :	제출일 :

1. 실험 결과

A 코사인제곱 규칙(말루스 법칙)

편광판의 각도(°)	편광된 빛의 세기(%)
0	
10	
20	
30	
40	
50	
60	
70	
80	
90	
100	
110	
120	
130	
140	
150	
160	
170	

B 브루스터각

브루스터 각
$\theta_B = \arctan\frac{n_2}{n_1}$

브루스터 각(°) θ_B, 이론값

입사각(°)	빛의 세기(%)
35°	
45°	
55°	
65°	
75°	
85°	
브루스터 각(°) θ_B, 측정값	
오차(%)	

편광판의 각도(°)	편광된 빛의 세기(%)
180	
190	
200	
210	
220	
230	
240	
250	
260	
270	
280	
290	
300	
310	
320	
330	
340	
350	

※브루스터 각 유도

$n_1\sin\theta_1 = n_2\sin\theta_2$

이때 $\theta_1 + \theta_2 = 90°$

$\therefore n_1\sin\theta_1 = n_2\sin(90° - \theta_1)$

$n_1\sin\theta_1 = n_2\cos\theta_1$

$\frac{sin\theta_1}{cos\theta_1} = \tan\theta_1 = \frac{n_2}{n_1}$

$\therefore \theta_1 = \theta_B = \arctan\left(\frac{n_2}{n_1}\right)$

공기의 굴절률(n_1)= 1.0

유리의 굴절률(n_2)= 1.46

2. 실험 결과 및 토의

실험 19
빛의 간섭과 회절

1 실험 목적

이중 슬릿에 의해 생기는 간섭과 단일 슬릿에 의해 생기는 회절 무늬를 관찰하여 슬릿의 폭, 슬릿 사이의 간격과 빛의 파장을 구한다.

2 이론 및 원리

A 이중 슬릿 간섭

빛의 본성이 파동일 것이라는 예측을 직접 확인시켜주는 최초의 실험이 1801 년 영 (T. Young)에 의해 이루어졌다. 영의 이중 슬릿 간섭 실험은 빛이 파동이라는 것을 증명하였을 뿐만 아니라 태양빛의 평균 파장을 측정하여 557 nm라는 값을 얻었는데, 이는 현재 공인된 555 nm와 놀라울 정도로 가까운 값이다.

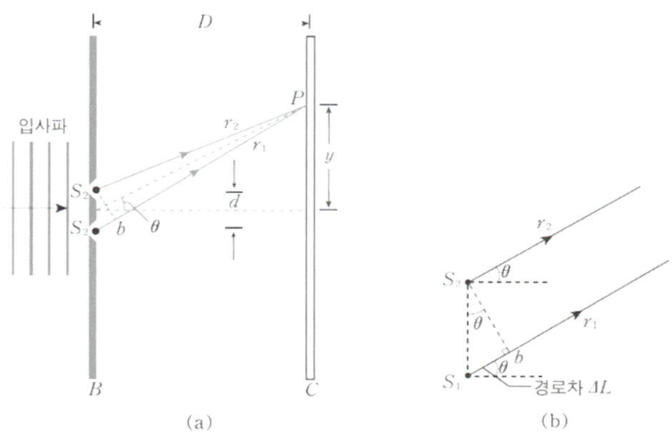

[그림 19-1] 이중 슬릿에 의한 간섭

그림 19-1 은 영의 이중 슬릿 실험장치의 개요도이다. 입사파가 두 개의 슬릿을 통과하여 점 P에 도달한다. 두 슬릿을 통과한 파동은 같은 입사파로부터 나온 파동이므로 위상이 일치한다. 그러나 두 파동이 점 P에 도달하기까지 이동하는 거리가 다르므로 위상차가 발생한다. 이 위상차는 두 파동의 경로차 ΔL에 의존한다. 두 슬릿의 간격을 d, 두 슬릿의 중심에 수직한 선분과 중심에서 P 점을 잇는 선분 사이의 각도를 θ라고 하면 두 슬릿 (S_1과 S_2)을 통과한 파동들의 경로차는 다음과 같다.

$$\Delta L = r_1 - r_2 - d \sin\theta. \tag{19-1}$$

사용된 빛의 파장을 λ라고 하면 위상차는

$$\delta = \frac{2\pi}{\lambda}(r_1 - r_2) = \frac{2\pi}{\lambda} d \sin\theta. \tag{19-2}$$

가 된다. 따라서 점 P에서 보강간섭이 일어나려면 위상차가

$$\delta = \frac{2\pi}{\lambda} d \sin\theta = 2\pi n, \tag{19-3}$$

이어야 한다. 여기서 n은 정수이다. 따라서 보강조건은 다음과 같다.

$$d \sin\theta = n\lambda. \tag{19-4}$$

슬릿에서 스크린 사이의 거리를 D라고 하면 스크린의 중심에서 보강간섭이 나타나는 곳의 위치 y_n은 θ가 작으면 $\sin\theta \approx \tan\theta = y_n/D$ 이므로

$$y_n = \frac{nD}{d}\lambda, \tag{19-5}$$

가 된다. 그러므로 두 밝은 무늬 (이웃한 보강간섭위치)의 간격 Δy, D그리고 d를 측정함으로써 파장 λ를 구할 수 있다.

B 단일 슬릿이 만드는 회절무늬

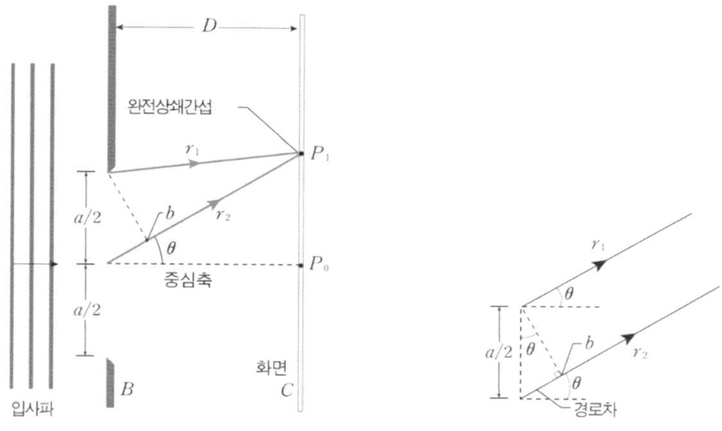

(a) (b)

[그림 19-2] 회절에 의한 극소

회절 현상은 빛이 좁은 슬릿을 나오면서 퍼지는 현상이다. 그러나 단순한 빛의 퍼짐뿐만 아니라 빛의 간섭으로 회절 무늬가 생기게 된다. 그림은 너비가 a인 길고 가는 하나의 슬릿에서 파장 λ인 빛이 통과할 때 어떻게 회절 무늬가 발생하는지를 나타낸다.

슬릿을 같은 너비 $a/2$를 갖는 두 개의 영역으로 나누고 두 영역의 끝 점에서 나간 두 빛살이 점 P_1에서 어두운 무늬 (극소)를 만들기 위해서는 위상이 $\lambda/2$ 만큼 달라야 하므로 그림 19-2 (b)로부터

$$\frac{a}{2}\sin\theta = \frac{\lambda}{2}, \tag{19-6}$$

이므로 다음 식을 얻는다.

$$a\sin\theta = \lambda \text{ (첫 번째 극소)}. \tag{19-7}$$

두 번째 어두운 무늬는 첫 번째 어두운 무늬를 얻는 방법과 같은 방법으로 구하는데 슬릿을 $a/4$로 같은 너비를 갖는 네 개의 영역으로 나누고 각 영역의 끝 점에서 나간 빛살들이 각각 $\lambda/2$의 경로차를 가지면 어두운 무늬를 만든다. 따라서

$$\frac{a}{4}\sin\theta = \frac{\lambda}{2}, \tag{19-8}$$

이므로, 결국 다음의 결과를 얻는다.

$$a \sin\theta = 2\lambda \text{ (두 번째 극소)}. \tag{19-9}$$

이와 같이 슬릿의 영역을 더 많은 영역으로 나누면 에돌이가 만드는 어두운 무늬의 위치를 모두 찾아낼 수 있다. 일반적인 관계식은 다음과 같다.

$$a \sin\theta = n\lambda,\ n = 1, 2, 3,\ \cdots \text{ (극소)}. \tag{19-10}$$

3 실험 기구 및 장치

(1) 광학대

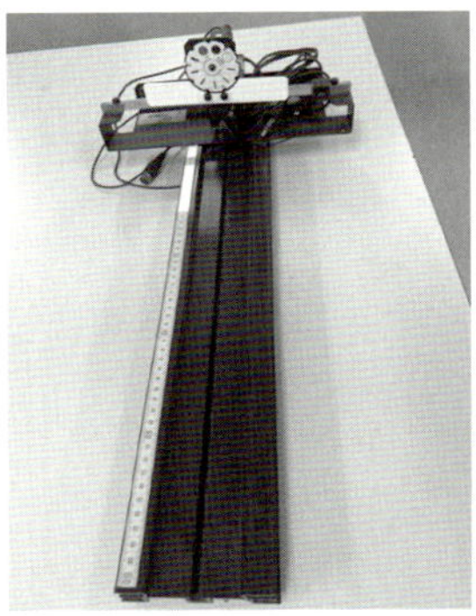

(2) LD (Laser Diode)

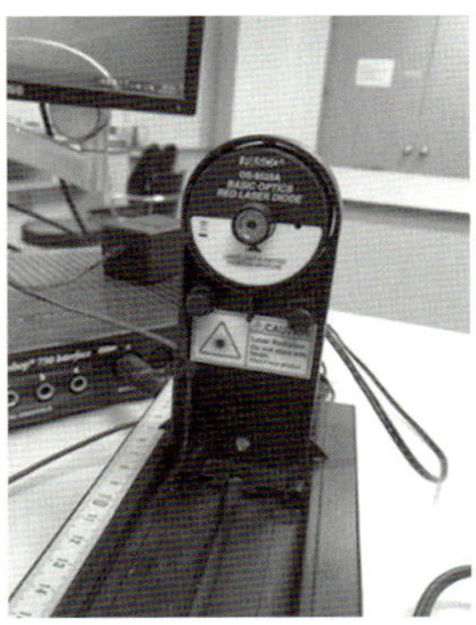

(3) 여러 가지 모양의 슬릿

(4) 선형 이동자

(5) 광 검출기

4 실험 방법

장치 설치

1. 단일 슬릿 디스크를 광학벤치에 설치한다. 슬릿 디스크 각각은 고리에 설치하며, 이러한 고리는 비어 있는 렌즈 홀더에 짤깍 소리를 내며 걸리게 된다. 고리의 중심에 있는 슬릿이 홀더에서 수직을 이루도록 렌즈 홀더에서 고리를 회전시켜야 한다 (그림 19-3 참조). 그 다음, 홀더의 나사를 죄어서 고리가 사용하는 동안 회전하지 못하도록 한다. 원하는 슬릿을 선택하려면, 홀더의 중심에서 원하는 슬릿으로 적절하게 짤깍 소리를 내며 걸리게 될 때까지 디스크를 회전시킨다.

[그림 19-3] 슬릿 홀더

[참고] 모든 슬릿은 비교 슬릿을 제외하고 수직을 이룬다. 비교 슬릿은 수평을 이룬다. 비교 슬릿은 보다 넓은 레이저 다이오드 빔이 비교 대상이 되는 슬릿 2 개를 모두 덮으므로 의도적으로 수평을 이룬다. 이러한 슬릿을 수직 위치로 회전시키고자 할 경우, 레이저 빔은 동시에 2 개의 슬릿에 조명을 비추기에는 그 크기가 충분하지 않다.

[그림 19-4] 선형 이동자 설치

2. 선형 이동자 (linear translator)의 랙에 회전 센서를 장착하고, 광학 트랙의 끝에 선형 이동자를 설치한다 (그림 19-4 참조). 회전 센서 로드 클램프에서 (6 번 슬릿에 장착된) 조리개 받침대 (Aperture Bracket)로 광센서를 설치한다.
3. 레이저 빔과 슬릿의 정렬을 완료하려면 벤치 1 개에 다이오드 레이저를 설치한다. 레이저에서 가장 가까이 위치하는 홀더의 디스크 측면을 사용하여 레이저에서 몇 cm 거리를 두고 광학 벤치에 슬릿 홀더를 장착한다 (그림 19-5 참조). 다이오드 레이저를 연결하고 전원을 켠다.

   [주의] 레이저 빔을 주시해서는 안 된다.

[그림 19-5] 슬릿 홀더와 레이저와 정렬

4. 빔이 슬릿의 중앙에 위치할 때까지, 왼쪽에서 오른쪽으로 그리고 위에서 아래로 레이저 빔의 위치를 조정한다. 이 위치가 설정되면, 디스크 상의 슬릿을 볼 때 레이저 빔을 추가로 조정할 필요가 없다. 새로운 슬릿에 대해 디스크를 회전할 경우, 레이저 빔이 이미 정렬되어 있을 수 있다. 슬릿이 적절한 위치에 맞물려 있으므로 어두운 환경에서도 하나의 슬릿에서 다음 슬릿으로 손쉽게 변경이 가능하다. 레이저 빔이 적절하게 정렬되어 있는 경우, 회절 패턴은 광센서 앞에서 슬릿 상에 중심이 위치해야 한다 (그림 19-6 참조). 패턴을 수직으로 정렬시키기 위해 광센서를 높이거나 낮춰야 할 수 있다.

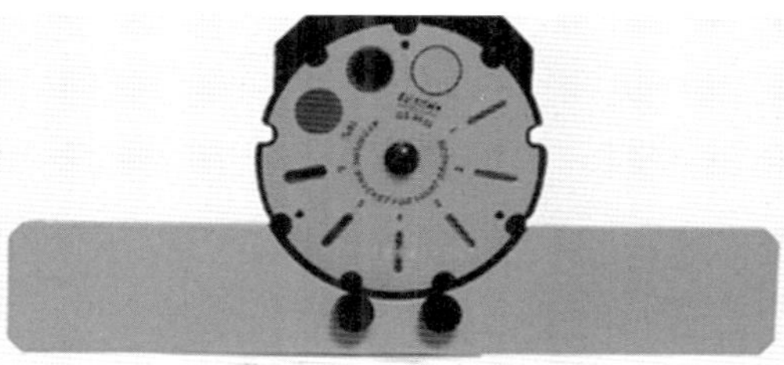

[그림 19-6] 광센서가 레이저 패턴을 스캔할 수 있도록 정렬

5. ×10 으로 설정된 광센서 게인 스위치 (gain switch)를 사용하여 시작하며, 빛의 세기가 점차 약화되는 경우 ×1 으로 감소시킨다.
6. Science Workshop 750 인터페이스의 채널 1 과 채널 2 에 회전 센서를 꽂고, 광센서를 채널 A 에 꽂는다.
7. DataStudio 를 실행한 후 "회절 (Diffraction)"이라 불리는 DataStudio 파일을 불러온다.

A 단일 슬릿에 대한 절차

1. 다중 슬릿 휠을 단일 슬릿 휠로 교체하고 0.04 mm 단일 슬릿에 설정한다.
2. 데이터 기록을 시작하기 전에 광센서를 레이저 패턴의 한쪽으로 이동시킨다. 선형이동자의 검은색 클램프를 사용하여 시작점을 표시할 수 있다.
3. 실내 조명을 끄고 START 버튼을 클릭한다. 그 다음, 회전 센서 도르래를 천천히 돌려서 패턴을 스캐닝한다. 스캐닝 작업이 종료되면 STOP 을 클릭한다. 오류가 발생한 경우, 스캐닝 작업을 다시 수행하면 된다. 패턴의 세기에 따라 광센서 상의 게인 설정(1 ×, 10 ×, 100 ×)을 변경해야 할 수 있다. 광센서 앞에 있는 마스크 상의 4 번 슬릿을 사용하고자 시도해야 한다. 각각의 그래프를 개략적으로 그리거나 프린터를 사용할 수 있는 경우 회절 패턴의 그래프를 출력한다.
4. 식 (19−2)을 사용하여 슬릿의 폭을 결정한다.
   (a) 컴퓨터 프로그램의 스마트 커서 (Smart Cursor)를 사용하여 중심 최대값의 각 측면에서 첫번째 최소값 간의 거리를 측정하고 그 값을 2 로 나눈다.
   (b) 사용한 레이저의 파장은 레이저 뒷면에 표시되어 있다.
   (c) 광센서 앞의 마스크와 슬릿 휠 사이의 거리를 측정한다.
   (d) 식 (19−10)에서 a값을 구한다. 최소한 2 개 이상의 다른 최소값을 측정하고 구한 답의 평균을 구한다. 얻은 평균과 전술한 휠 상의 슬릿 폭 간의 % 차이를 구한다. 전술한 슬릿 폭은 단 하나의 유의한 수치로만 제시되므로 실제 슬릿 폭은 0.035 mm~0.044 mm에 해당된다는 사실을 유념해야 한다.

B 이중 슬릿에 대한 절차

1. 단일 슬릿 디스크를 다중 슬릿 디스크로 교체한다. 슬릿 분리 거리 0.25 mm (d)와 슬릿 폭 0.044 mm (a)를 사용하여 이중 슬릿 상에 다중 슬릿 디스크를 설치한다.
2. 광센서 조리개 받침대를 4 번 슬릿에 설치한다.

3. 데이터 기록을 시작하기 전에, 광센서를 선형 이동자 정지 위치에 근접하여 레이저 패턴의 한쪽으로 이동시킨다.
4. 실내 조명을 끄고 START 버튼을 클릭한다. 그 다음, 회전 센서 도르래를 천천히 돌려서 패턴을 스캐닝한다. 스캐닝 작업이 종료되면 STOP 을 클릭한다. 패턴의 세기에 따라 광센서 상의 게인 설정 (× 1, × 10, × 100)을 변경해야 할 수 있다. 가장 세부적인 값을 얻으려면, 광센서 마스크 상에서 가능한 가장 작은 슬릿을 사용해야한다.
5. 확대경을 사용하여 중심의 최대값과 첫번째 측면의 최대값을 확대한다. 스마트 도구를 사용하여 중심의 최대값과 첫번째 측면의 최대값 사이의 거리를 측정한다.
6. 중심의 최대값과 두번째 및 세번째 측면의 최대값 사이의 거리를 측정한다. 또한, 회절 (간섭이 아님) 패턴에서 중심의 최대값에서 첫번째 최소값까지의 거리를 측정한다.
7. 식 (19-2)를 사용하여 슬릿 분리 거리를 결정한다.
   (a) 광센서 앞의 마스크와 슬릿 휠 사이의 거리를 측정한다.
   (b) 식 (19-1)에서 d 값을 구한다. 첫번째, 두번째, 세번째 최대값을 사용하여 d 값을 구하고 평균 d 값을 구한다. 얻은 평균과 전술한 휠 상의 슬릿 폭 간의 % 차이를 구한다.
8. 식 (19-1)을 사용하여 슬릿 폭을 결정하고 회절 패턴 (간섭 패턴이 아님)에서 중심의 최대값과 첫번째 최소값 사이의 거리를 구한다. 이 값이 휠에서 얻은 슬릿 폭인가?
9. 이중 슬릿에 대한 간섭 패턴은 2~8단계를 반복한다 $a/d = 0.04/0.50\text{ mm}$.

실험 19 빛의 간섭과 회절 실험

학 과 :   학 번 :   이 름 :

실험일 :   실험조 :   제출일 :

1. 실험 결과

A 단일슬릿(회절)

이론식 단일슬릿(회절)	$a\dfrac{y_n}{D} = n\lambda$

<table>
<tr><td>레이저의 파장 (nm)
λ</td><td colspan="6">650 nm</td></tr>
<tr><td>디스크의 슬릿폭 (mm)
a, 이론값</td><td colspan="6">0.04 mm</td></tr>
<tr><td rowspan="4">슬릿부터
스크린까지의 거리 (mm)
(D)</td><td>1</td><td colspan="5"></td></tr>
<tr><td>2</td><td colspan="5"></td></tr>
<tr><td>3</td><td colspan="5"></td></tr>
<tr><td>평균</td><td colspan="5"></td></tr>
<tr><td rowspan="5">회절무늬 사이의 거리
(y_n)</td><td></td><td>0차 극대</td><td>1차 극소</td><td></td><td>1차 극대</td><td>2차 극소</td></tr>
<tr><td>1</td><td></td><td></td><td>1</td><td></td><td></td></tr>
<tr><td>2</td><td></td><td></td><td>2</td><td></td><td></td></tr>
<tr><td>3</td><td></td><td></td><td>3</td><td></td><td></td></tr>
<tr><td>평균</td><td></td><td></td><td>평균</td><td></td><td></td></tr>
<tr><td>계산된 슬릿 폭 (mm)
a, 측정값</td><td colspan="2"></td><td colspan="2">오차</td><td colspan="2"></td></tr>
</table>

B 이중 슬릿(회절, 간섭)

이론식 단일슬릿(회절)	$a\frac{y_{n1}}{D}=n\lambda$	이론식 이중슬릿(간섭)	$d\frac{y_{n2}}{D}=n\lambda$

레이저의 파장 (nm) λ	650 nm					
디스크의 슬릿폭 (mm) a, 이론값	0.04 mm					
디스크의 슬릿 간격 (mm) d, 이론값	0.25 mm					
슬릿부터 스크린까지의 거리 (D)	1					
	2					
	3					
	평균					
회절무늬 사이의 거리 (y_{n1})		0차 극대	1차 극소		1차 극대	2차 극소
	1			1		
	2			2		
	3			3		
	평균			평균		
간섭무늬 사이의 거리 (y_{n2})		1차 극대	2차 극대		2차 극대	3차 극대
	1			1		
	2			2		
	3			3		
	평균			평균		
계산된 슬릿 폭 a, 측정값			오차			
계산된 슬릿 간격 d, 측정값			오차			

2. 실험 결과 및 토의

실험 **20**

Michelson 간섭계

1 실험 목적

Michelson 간섭계를 이용하여 헬륨-네온 레이저의 파장을 정확하게 측정한다.

2 이론 및 원리

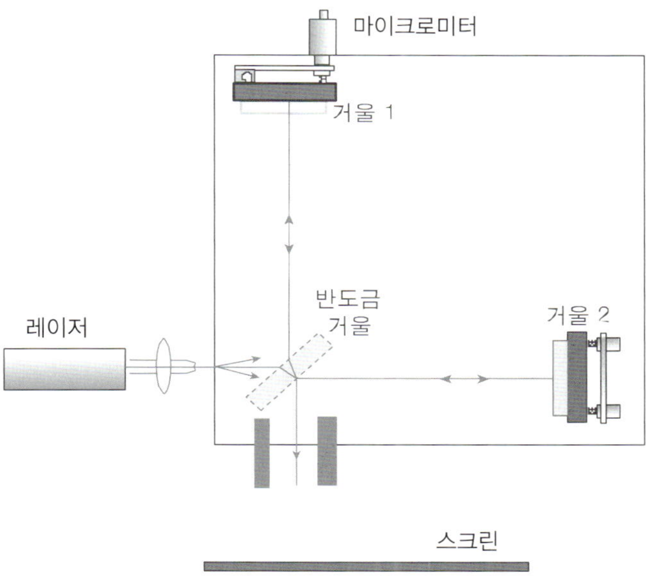

[그림 20-1] 레이저에 의한 간섭무늬

레이저의 앞에 초점거리가 짧은 볼록렌즈를 설치하여 평행광선이 초점거리 지점에서 집속되도록 한다. 집속된 후에 다시 방사상으로 퍼져나간다. 원래의 레이저가 결이 잘 맞아 있는 평면파이기 때문에 방사상으로 퍼져나가는 빛도 완전한 구면파를 이룬다. 이 구면파는 두 거울에 의해 광로차가 생긴 후에 다시 만나서 간섭이 일어날 것이다. 이 경우에는 앞에 스크린을 설치하여 간섭이 일어나는 한 단면을 밝고 어두운 무늬로 관측한다.

본 실험에서는 원래의 Micheslon 에 의해 행해진 방법을 그대로 쓰지 않고, 레이저를 볼록렌즈로 분산시켜 완벽한 구면파를 만들어서 그 구면파를 광원으로 한다. 레이저 빛이 볼록렌즈를 통과한 후에 일단 집속되어 한 점에 모였다가 다시 구면으로 퍼져 나가므로 집속된 지점에서 점광원이 있는 것과 같다. 이 점광원을 S 라 하자. S 에서 나온 구면파는 거울 1, 2 와 거울에 의하여 반사되어 그림 20-2 에서처럼 아래 방향으로 비추어진다. 만일에 두 광로가 완전하게 일치한다면 두 구면파는 완벽하게 서로 구면이 일치하여 아래쪽의 스크린은 전체적으로 밝게 되어 간섭무늬는 관측되지 않을 것이다. 그러나 이러한 경우는 거울에서 두 거울 사이의 거리가 완전하게 같고 두 거울이 서로 광선에 따라 수직으로 되어 있을 때에만 가능하다. 이런 상황을 만드는 것은 거의 불가능하다!

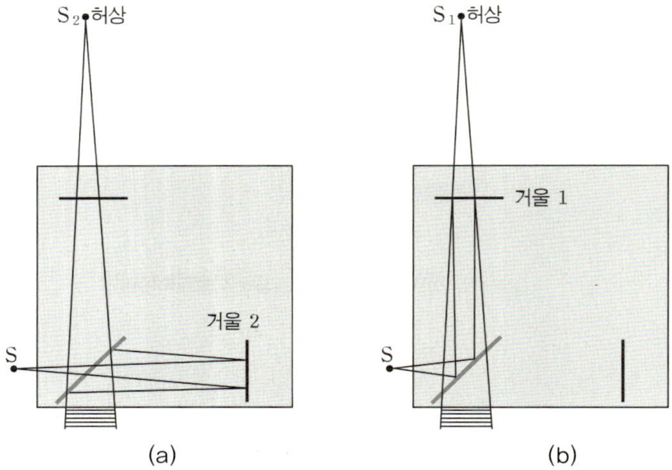

[그림 20-2] 두 거울에 의해서 반사되는 구면파

두 거울에 의해서 반사되는 구면파를 각각 따로 그렸다. (a)는 거울 2 에 의해서 반사되는 구면파로 결국 거울 두개에 의한 점광원 S 의 허상은 위쪽에 형성되어(S_1) 거기에 점광원이 있는 것처럼 아래방향으로 비추어 진다. (b)의 경우에는 거울 1 에 의한 허상을 그렸다(S_2). 두개의 허상의 위치는 약간 차이가 있다.

만일에 두 거울을 광로에 대해 수직에 가깝게 잘 조절하고 단지 두 광로가 약간의 차이가 있다면 아래의 스크린에 어떤 무늬를 볼 수 있을까? 그림 20-3 에서 보이는 것처럼 앞뒤로 약간의 차이가 있는 두 지점에 간섭성이 있는 (이를 가간섭성의 빛이라 한다) 점광원이 있을 때 스크린 에는 간섭무늬가 원형으로 나타날 것이다. (동심원으로 그려져 있는 파면이 실제 구면임을 상기 하자.)

한편 마이크로미터를 돌려서 거울 1을 앞뒤로 이동시키면 스크린에 비추어지는 원형의 무늬는 안으로 오므라들거나 커지면서 밖으로 이동할 것이다. 마이크로미터의 움직인 거리를 눈금으로 측정하고 이때 오므라들어 소멸되는 (혹은 가운데서 발생되는) 원형 무늬의 개수를 세어주면 이것들로부터 레이저의 파장을 구할 수 있을 것이다.

마이크로미터가 움직인 거리를 d 라하고 무늬의 소멸(발생) 개수를 N 이라 하자. 그러면 허광원 S_1 의 이동거리는 거울의 이동거리의 2 배가 되어서 $2d$ 이다.

$$2d = Nk \tag{20-1}$$

식 (20-1) 으로부터 레이저의 파장을 정확하게 측정할 수 있다.

빛의 파장은 회절격자나 Fabry-Perot 간섭계로 훨씬 더 정밀하게 측정할 수 있다. 그래서 Michelson 간섭계는 매질 속에서 빛의 속도를 구하여 그 매질의 온도 분포를 측정하거나, 물체의 미소한 이동거리를 정밀하게 측정하는데 주로 쓰인다.

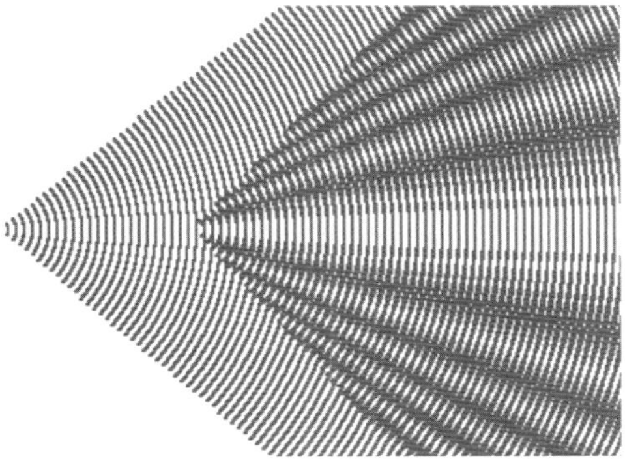

[그림 20-3] 간섭무늬

그림 20-2 에서의 (a)와 (b)가 겹쳐서 간섭무늬가 형성되어 있다. 원형으로 퍼져나가는 파가 실제로는 구면파이기 때문에, 오른편에 스크린이 수직으로 놓여 있으면 가운데가 밝고 무늬가 동심원인 간섭무늬가 생긴다. 그러나 두 파원 중 하나를 이동시켜 둘 사이의 거리를 변화시키면 무늬는 오므라들거나 퍼져 나간다. 그림에서 두 파원 사이의 거리가 파장의 정수배이므로 가운데에 밝은 무늬가 생긴다.

3 실험 기구 및 장치

(1) Michelson 간섭계 : 두 거울 중 한 거울에는 마이크로미터가 붙어있다. 마이크로미터는 거울을 지렛대를 통해서 이동시키므로 실제 마이크로미터의 이동거리의 지레비만큼 거울이 이동한다. 1 : 5로 되어 있기도 하고 기구에 따라 마이크로미터의 눈금이 지레비를 감안하여 매겨져 있기도 하다.

(2) 레이저 : 다이오드 레이저 5 mW 정도. 파장 630~680 nm

(3) 볼록 렌즈 : 레이저 부착용

(4) 스크린

4 실험 방법

1. 그림 20-1 처럼 기구를 배치한다. 기구들을 제대로 정렬하기 위해서 우선 다이오드 레이저의 볼록렌즈를 떼어 내고 전원을 올려 레이저 빛이 나오도록 한다. (눈 속으로 레이저광이 들어가지 않도록 주의할 것.)
2. 거울의 방향, 레이저광의 방향 등을 서로 수직이 되도록 적절히 조정하면 레이저에서 나오는 광선이 스크린의 두 점에 도달할 것이다. 이때 각 거울에 붙어 있는 조절나사를 조절하여 두 점이 정확하게 일치하도록 한다.
3. 이 상태에서 레이저 앞에 볼록렌즈를 끼워 넣어 레이저광이 구면파를 이루도록 한다. 2의 과정이 정확하게 되었으면 스크린에는 원형의 간섭무늬가 나타날 것이다. 만일, 간섭 무늬가 찌그러졌다든지 직선에 가까우면 거울 등의 방향을 다시 미세 조정하여 원의 중심이 스크린의 가운데에 있는 원형이 되도록 하여야 한다.
4. 마이크로미터를 천천히 돌리면서 원형 무늬의 변화를 관측한다.
5. 마이크로미터를 계속 돌리면서 오므라드는 (혹은 퍼져나가는) 무늬의 개수를 세어 준다. 시작할 때와 끝날 때의 마이크로미터의 눈금을 읽어 거울의 이동거리도 구하도록 한다. 반대 방향으로 마이크로미터를 움직여서 위와 같은 과정을 되풀이 한다.
6. 이동한 무늬의 개수와 거울의 움직인 거리로부터 레이저광의 파장을 계산한다.

실험 20 마이켈슨 간섭계 실험

학 과 : 학 번 : 이 름 :
실험일 : 실험조 : 제출일 :

1. 측정값 및 계산

A 지레비 계산

레이저파장 (nm) λ	633
이론식	$2d = n\lambda$

마이크로미터가 이동한 거리 (mm)	간섭무늬가 이동한 개수 n	지레비
0.05		1:
0.1		1:
0.15		1:
평 균		

※지레비=마이크로미터가 이동한 거리 : 실제거울이 이동한 거리

B 레이저 파장 계산

이론식	$2d = n\lambda$

마이크로미터가 이동한 거리 (mm)	간섭무늬가 이동한 개수 n	레이저파장(nm)
0.05		
0.1		
0.15		
평 균		

2. 실험 결과 및 토의

실험 21

오실로스코프 작동원리

1 실험 목적

여러가지 회로나 전자장비 등의 전기적 특성을 측정하기 위해 필요한 오실로스코프의 작동원리를 익힌다.

2 이론 및 원리

오실로스코프 (Oscilloscope)

오실로스코프 실험장치는 TV 나 전통적인 오실로스코프와 같이 전자 및 자기장에 의한 전자빔의 편향을 예시해주는데 사용될 수 있다. 기본적으로 오실로스코프 실험장치는 4 mm 플러그에 의해 전압이 공급되는 브라운관으로 구성되어 있으며, 편향 코일이 부착되어 있는 링으로 둘러싸여 있다. 브라운관은 비어 있는 유리관으로, 이 브라운관의 목에는 가열된 음극과 양극이 가운데 구멍이 뚫려 있는 디스크 모양으로, 약 0.5 cm의 간격으로 분리되어 있다. 가열 음극에서 방출되는 전자들은 양극을 향해 가속되어 방출된다. 이 중 일부는 구멍을 통과해 형광스크린 (규산 아연 도금)을 때리는 빔을 형성하고, 따라서 녹색 형광 점으로 보이게 된다.

빔은 부분적으로는 음극을 둘러싸고 있는 웨널트 전극에 의해 초점이 맞춰지며, 이 실린더의 포텐셜은 음극 포텐셜과 관련해 음성이며, 다른 일부는 튜브 내부에서 빔을 볼 수 있게 만들어주는 Hg 0.01 mm가 관에 채워지면서 가스가 수축하면서 초점이 맞추어지게 된다. 또한 관에는 2 개의 서로 반대편에 빔에 수평 방향으로 놓여 있는 편향판이 있는데, 이 편향판은 통합적인 톱니 제너레이터나 외부 전원 공급원에 연결될 수 있다. 제너레이터는 양극 포텐셜 대비 주파수 3.5 ~ 650 Hz와 진폭 100 V의 톱니 전압 파장을 공급한다.

3 실험 기구 및 장치

(1) 오실로스코프

(2) 함수발생기

(3) 전원 공급장치

(4) 연결선

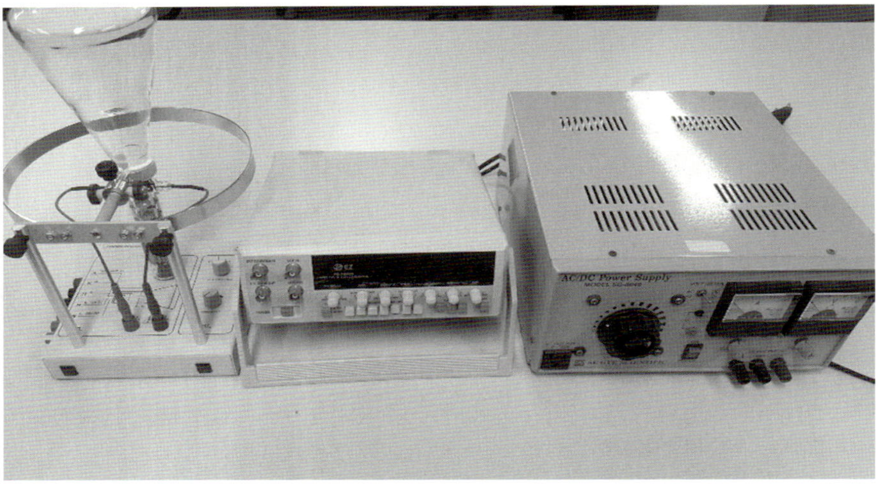

4 실험 방법

A 전자빔의 전기적 편향

1. 그림 21-1 과 같이 실험을 준비한다.
2. 오실로스코프 실험장치로 공급되는 전원을 끈 후, 톱니 제너레이터의 출력에 편향판을 연결한다.
3. 전자 빔을 조정해 전자 빔이 형광 스크린의 좌측을 향하게 한다.
4. 톱니 주파수를 최소 수준으로 조정하고 전원 공급장치의 전원을 켠다.
5. 10~30 초 후에, 형광 반점이 스크린 상에 나타나면 점의 이동을 추적한다.

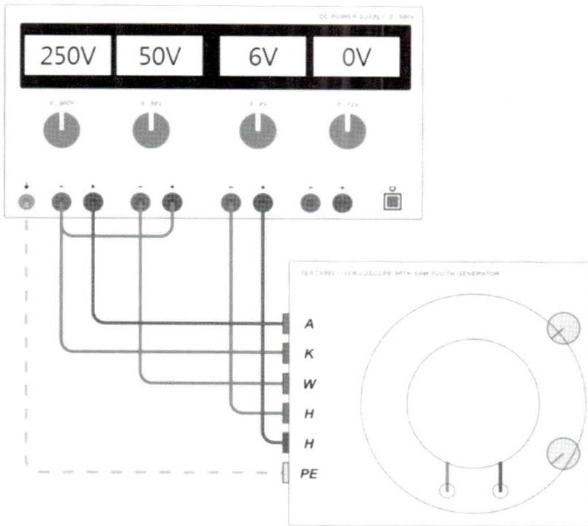

[그림 21-1] 전자빔의 전기적 편향

B 전자빔의 자기적 편향

1. 그림 21-2 과 같이 실험을 준비한다.
2. 코일을 금속 링에 부착한다.
3. 코일 입력을 DC 전원 공급장치에 연결한다.
4. 전자 빔을 조정해서 전자빔이 형광 스크린 중앙을 때리게 한다.
5. DC 전원을 켜고, 코일로 가는 전류를 조정한다.
6. 코일의 극성과 얼라인먼트, 전류가 통과하는 턴의 수를 바꾸고, 그 효과를 관찰한다.

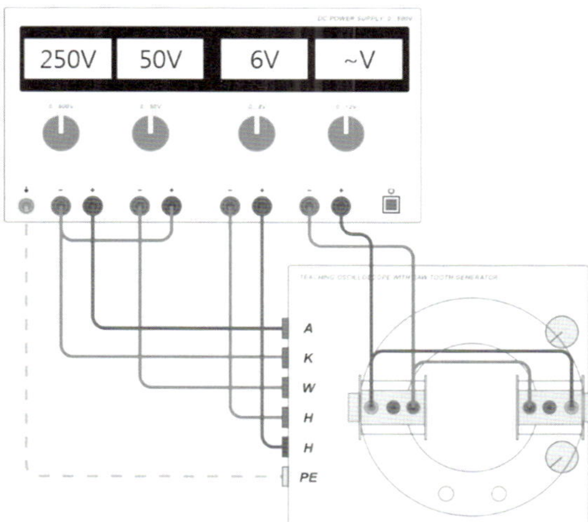

[그림 21-2] 전자빔의 자기적 편향

C 시간에 따른 AC 전압의 추적

1. 그림 21-3 과 같이 실험을 준비한다.
2. 주파수를 중간 수준으로 조정을 한다.
3. 코일을 금속 링에 부착한다.
4. 코일 입력을 함수 발생기에 연결한다.
5. 함수 발생기 상의 주파수를 30 ~ 100 Hz 로 선택한다.
6. 분명한 진동 기간을 보여주는 정지 이미지가 나타나는 주파수를 검색한다.

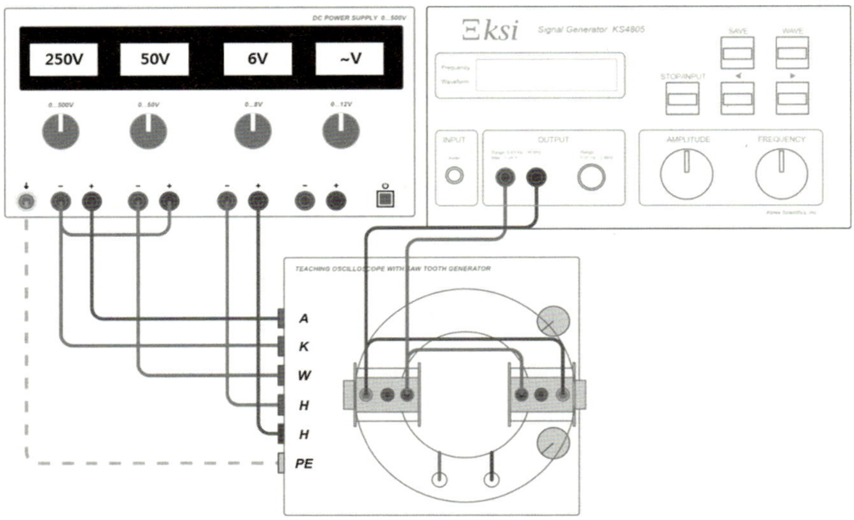

[그림 21-3] 시간에 따른 AC 전압의 추적

실험 21 오실로스코프 작동원리

학 과 :	학 번 :	이 름 :
실험일 :	실험조 :	제출일 :

1. 전자빔의 전기적 편향

톱니 발생기에 의한 전기적 편향을 관찰한 후 조교에게 설명을 듣는다.

2. 전자빔의 자기적 편향

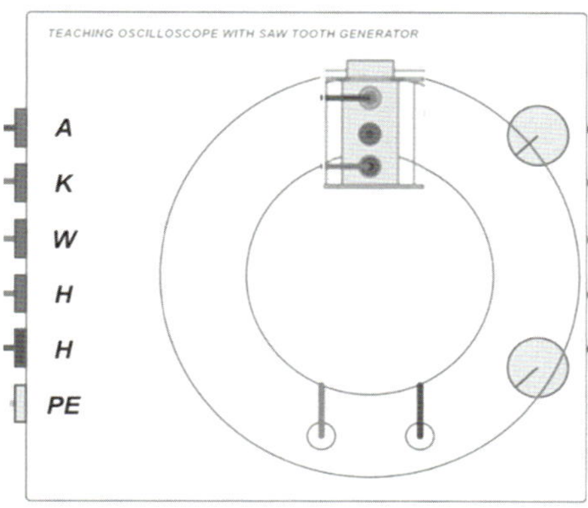

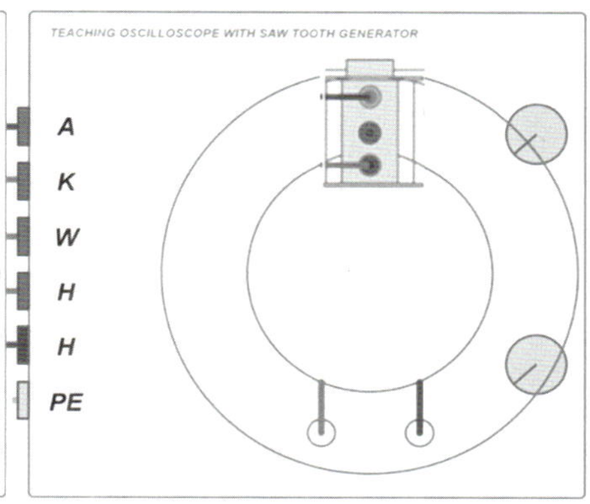

3. 시간에 따른 AC 전압의 추적

	톱니발생기의 두 번째 최소 주파수	톱니발생기의 두 번째 최대 주파수
사인 무늬 1 개	Hz	Hz
사인 무늬 2 개	Hz	Hz
측정 톱니 주파수	Hz	Hz

4. 실험 결과 및 토의

공통실험 멀티미터와 오실로스코프 사용법

학 과 :	학 번 :	이 름 :
실험일 :	실험조 :	제출일 :

1. 멀티미터 사용법

* $R_1 = 1\text{k}\Omega$, $R_2 = 2.2\text{k}\Omega$ 로 설정하며, 원호 안의 숫자는 전류계의 위치를 의미한다.

A 직렬회로

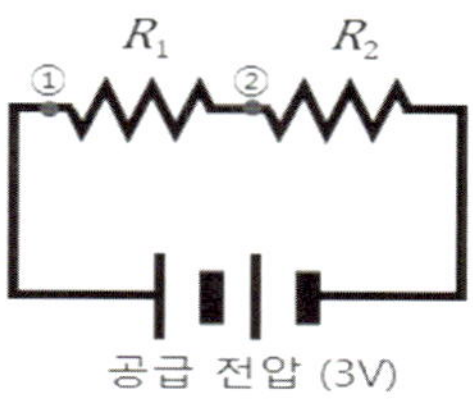

직렬 회로에서의 전체 저항

$$R_{total} = R_1 + R_2$$

측정 횟수	전압 (V)		전류 (mA)		실측저항 (Ω)		전체 전류 (mA)		
	$V(R_1)$	$V(R_2)$	$I(R_1)$ (①)	$I(R_2)$ (②)	R_1	R_2	측정값 (①)	이론값 (=공급전압/전체저항)	오차(%)
1									
2									
3									

※ $V(R_1)$: R_1 양단에 걸리는 전압, $I(R_1)$: R_1을 통과하는 전류

B 병렬회로

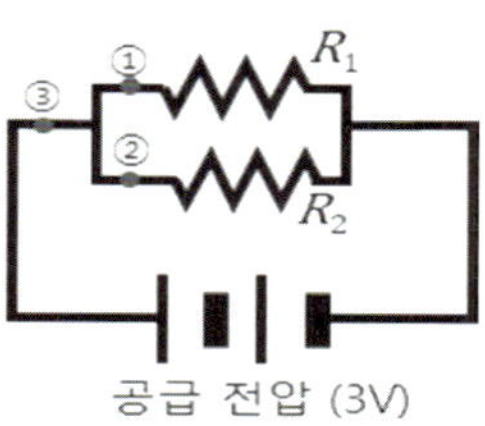

병렬 회로에서의 전체 저항

$$\frac{1}{R_{total}} = \frac{1}{R_1} + \frac{1}{R_2}$$

측정 횟수	전압 (V)		전류 (mA)		실측저항 (Ω)		전체 전류 (mA)		
	$V(R_1)$	$V(R_2)$	$I(R_1)$ (①)	$I(R_2)$ (②)	R_1	R_2	측정값 (①)	이론값 (=공급전압/전체저항)	오차(%)
1									
2									
3									

※ $V(R_1)$: R_1 양단에 걸리는 전압, $I(R_1)$: R_1을 통과하는 전류

2. 오실로스코프 사용법 (피크 대 피크 값(Vp-p), 주기(T), 주파수(f) 측정)

※ 주파수에 대한 오차를 계산

A 사인 정현파(100Hz)

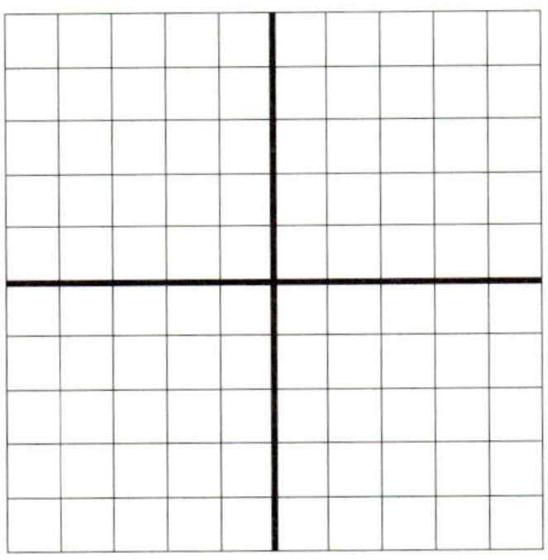

Time/div		Volt/div	

Vp-p (V)	측정 주기 (s)	측정 주파수 (Hz)	함수발생기 주파수 (Hz)	오차 (%)

B 사인 정현파(10kHz)

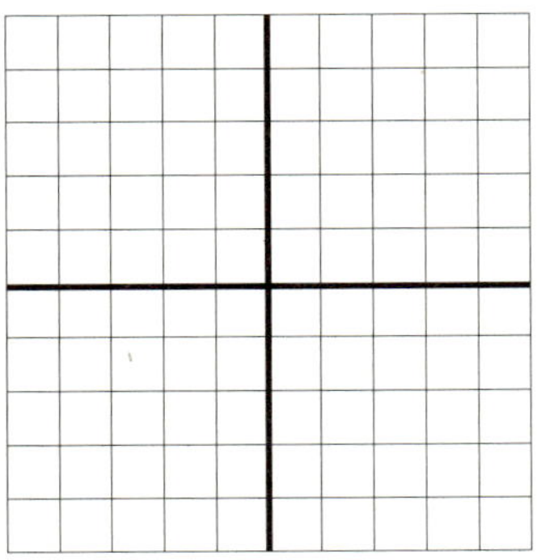

Time/div		Volt/div	

Vp-p (V)	측정 주기 (s)	측정 주파수 (Hz)	함수발생기 주파수 (Hz)	오차 (%)

C 사각파 (square wave) (1kHz)

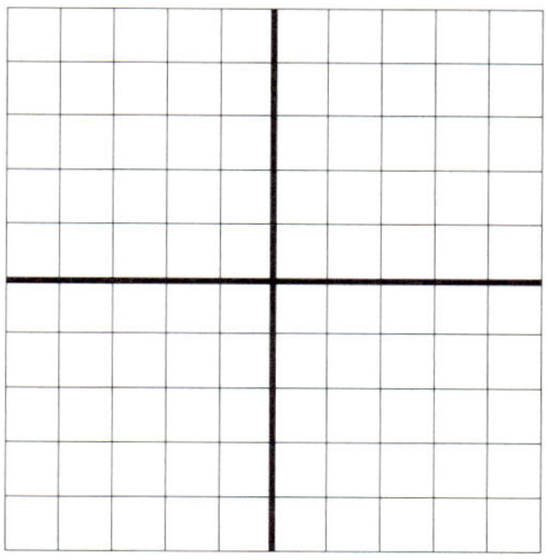

Time/div		Volt/div	

Vp-p (V)	측정 주기 (s)	측정 주파수 (Hz)	함수발생기 주파수 (Hz)	오차 (%)

3. 실험 결과 및 토의

부 록

- I-CA 사용법
- S-CA 사용법
- DataStudio 설명서
- 센서 설명서
- 물리상수 외

부록 1-1

I-CA 사용법

1 I-CA 사용법

I-CA는 카메라를 이용하여 실험화면을 동영상으로 촬영/저장하고 이를 컴퓨터 프로그램(PhysicsView)로 분석하는 실험세트이다.

A I-CA 시스템 구성

1) I-CA Server

CCD카메라를 통해 촬영된 실험장면을 수신하여 분석프로그램이 인식할 수 있는 신호로 변환, 컴퓨터와 송신하여 주는 장치로 USB 방식을 채택하고 있다.

I-CA Server 전면모습

카메라 전원단자
CCTV카메라 전원공급용 단자, I-CA system의 카메라에 DC 전원을 공급한다.

BNC 단자

I-CA Server 후면모습

USB 단자
USB케이블을 이용하여 컴퓨터에 카메라의 동영상을 전송한다.

전원공급단자
CCTV카메라 전원공급용, AC전원을 공급한다.

2) CCD-Camera

CCD카메라는 실험장면을 촬영하는 장비로, 640×480의 해상도에 41만 화소, 광학 16배줌에 자동초점, 자동노출방식을 기본으로 채택하고 있다.

3) PhysicsView 프로그램

P4 프로세서에 비디오 메모리 128MB 이상의 그래픽 카드로 DirectDraw 가속을 지원하는 window XP 시스템을 요구사항으로 한다.

B Specification

① **좌표인식** : 색상인식방식, 시간에 따른 물체의 좌표 자동추적, 최대 4개의 운동체의 좌표를 동시 추적

② **분석프레임** : 최대 초당 30프레임, 1/30초 단위로 좌표인식

③ **측정물리량** : 시간별 운동체의 XY좌표, 길이, 각도, 각속도 측정, 이에 따른 속도, 가속도 산출

④ **지원모드** : 카메라 설정, 좌표계 설정, 분석/측정모드 설정

⑤ **분석** : 결과에 따른 물체의 궤적 자동산출, 분석결과 스프레드쉬트 자동저장, 실험내용의 비디오 저장

⑥ **비디오포멧** : NTSC/PAL, MPEG4 압축시스템

⑦ **영상해상도** : VGA(640×480)

⑧ **카메라** : DSP IC 적용, 1/4" 고감도 CCD, 광학 16배줌 디지탈 32배 줌, DC Level을 이용한 Zoom/Focus 원격제어, 줌 렌즈 위치 변화에 따른 자동초점 기능, 41만 화소, 최저조도 1Lux, 내부동기방식, 6Pin Din Jack Remote Control

⑨ **운영환경** : P4 프로세서, 비디오 메모리 128MB, 램 512MB, window XP

⑩ **통신방식** : USB

⑪ **포트** : BNC/USB/Camera 전원

C 카메라 설정

1) KOCOM 카메라의 경우

① 리모콘 사용설명서

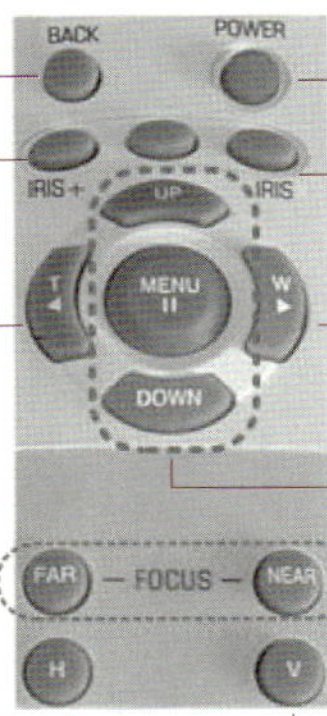

① 메뉴선택 취소버튼
메뉴버튼에 의해 카메라 설정시 사용, 선택된 메뉴의 이전 심위단계로 이동시, 메뉴설정을 완료시 사용한다.

③ 밝기 조절 버튼 +
누르고 있는 동안 화면의 밝기는 계속 밝아지며 색대비는 감소한다.

⑤ Zoom 설정 버튼 W
누르고 있는 동안 화면의 범위는 작아진다. Zoom In 기능

⑦ 수동 초점 보정기능
누르고 있는 동안 초점이 멀어지거나(FAR) 가까워진다(NEAR). 실험에서는 거의 사용하지 않는다.

⑨ 화면회전 버튼 -H
모니터에 보여지는 화면을 수직방향으로 회전할 때 사용된다.

② 전원스위치
CCTV카메라의 전원을 켜거나 끈다. 실험 중에는 거의 사용하지 않는다.

④ 밝기조절 버튼 -
누르고 있는 동안 화면의 밝기는 계속 어두워지며 색대비는 증가한다.

⑥ Zoom 설정 버튼 W
누르고 있는 동안 화면의 범위는 커진다. Zoom Out 기능

⑧ 메뉴선택/이동 버튼
셔터스피드 등의 카메라 설정을 변경할 때 사용된다. 메뉴버튼을 누르면 화면에 메뉴가 활성화된다. 메뉴의 이동은 UP/DOWN 버튼을 이용한다. 메뉴의 선택은 해당설정메뉴에서 메뉴버튼을 한번더 클릭하면 된다.

⑩ 화면회전 버튼 -V
모니터에 보여지는 화면을 수직방향으로 회전할 때 사용된다.

② 카메라 기본설정(셔터스피드 및 노출모드 설정)CCTV 카메라를 실험에 적합한 상태로 카메라를 설정해 주어야 한다. 특히 셔터스피드 및 노출보정에 관한 사항은 아주 중요한 요소이다. 카메라의 설정은 카메라 리모콘에 의해 진행되며 카메라 후면에 있는 메뉴버튼을 이용하여 설정할 수도 있다. 기본적으로 셔터스피드는 1/250, 감도는 16으로 조정한다.

㉠ 셔터스피드를 1/250초로 설정한다.

카메라는 최초 자동노출모드로 설정되어 있다. 이 경우 셔터스피드가 ~1/30초가 되므로 비교적 고속으로 운동하는 물체를 캡처하게 되면 노출시간 동안 이동한 거리 만큼 물체의 궤적이 남게 된다. 이렇게 되면 정확한 물체의 좌표를 구할 수 없게 됨으로 셔터스피드는 반드시 고정으로 설정한 후 실험하여야 한다. 대부분의 일반물리실험에서 셔터스피드는 1/250초로 설정을 하면 좋은 실험영상을 얻을 수 있으며 예외적인 경우 1/500초까지 셔터스피드를 설정하는 경우도 있다.

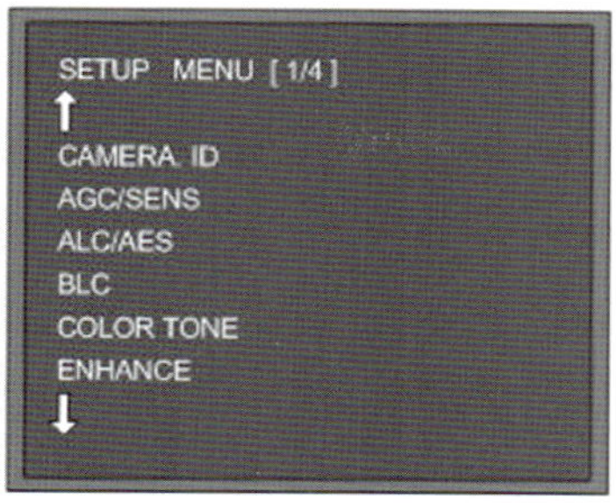

1) ⑧메뉴선택버튼을 누르면 모니터에 옆의 그림과 같은 화면이 활성화 된다. 이때 메뉴버튼은 5초 이상 계속 누르고 있어야 한다. 메뉴간 이동은 UP/DOWN버튼을 이용한다.

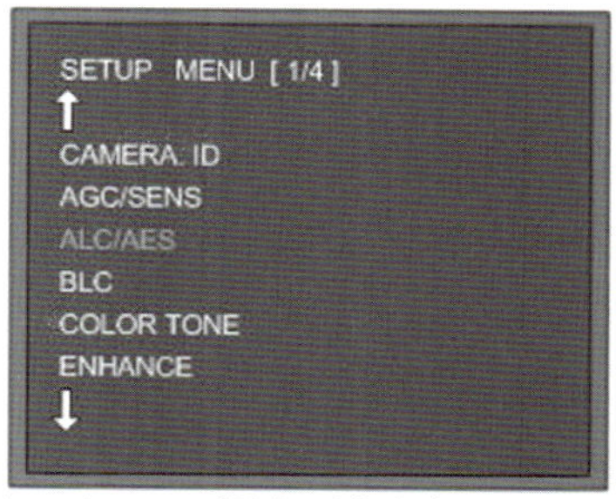

2) UP/DOWN버튼을 이용하여 ALC/AES 설정으로 이동한다. 이동후 메뉴버튼을 다시 누르면 ALC/AES 세부설정 화면 항목이 활성화 된다.

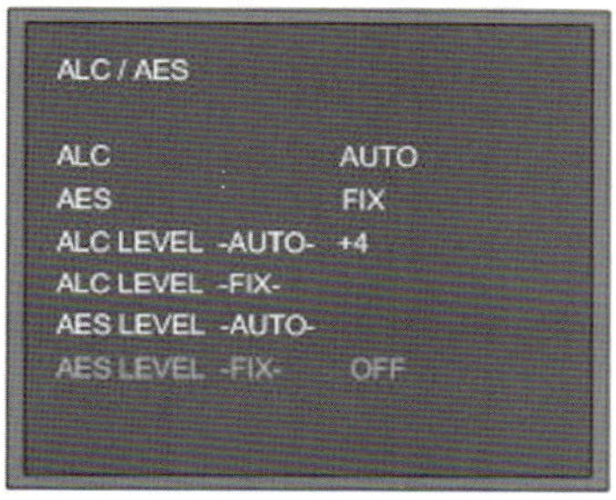

3) ALC/AES 세부설정 화면이다. UP/DOWN 버튼을 이용하여 AES LEVEL-FIX-OFF로 이동한 후 메뉴버튼을 다시 누르면 셔터스피드를 설정할 수 있게 된다. AES LEVEL-FIX -OFF인 경우 셔터스피드가 자동으로 되어 있는 경우임으로 반드시 셔터스피드를 고정으로 해 주어야 한다.

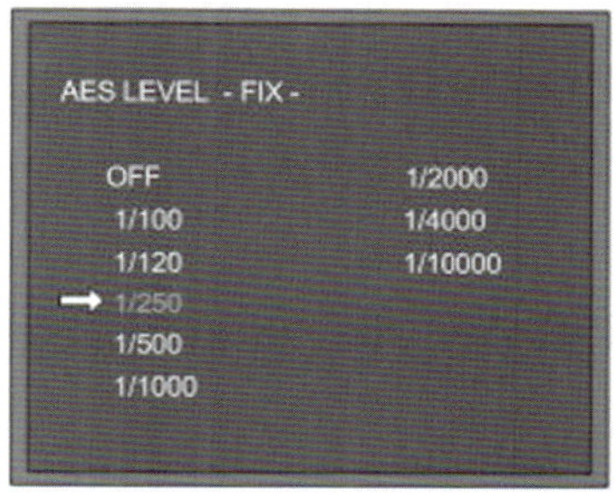

4) 셔터스피드 설정 화면이다. UP/DOWN버튼을 이용하여 1/250으로 이동한 후 메뉴버튼을 누르게 되면 셔터스피드가 1/250으로 고정이 된다. 셔터스피드 설정 후에는 ① BACK버튼을 이용하여 이전단계로 이동한다. 설정후에는 3)의 화면에서 AES LEVEL-FIX OFF가 AES LEVEL-FIX-1/250으로 변하게 된다.

ⓛ 감도를 16에 노출모드를 Normal로 설정한다.CCTV 카메라의 여러 기능 중 일부는 운동하는 물체의 영상분석에 방해가 되는 것들이 있다. 이들을 재설정하여 최적의 영상을 얻어야 좋은 결과를 얻을 수 있다.

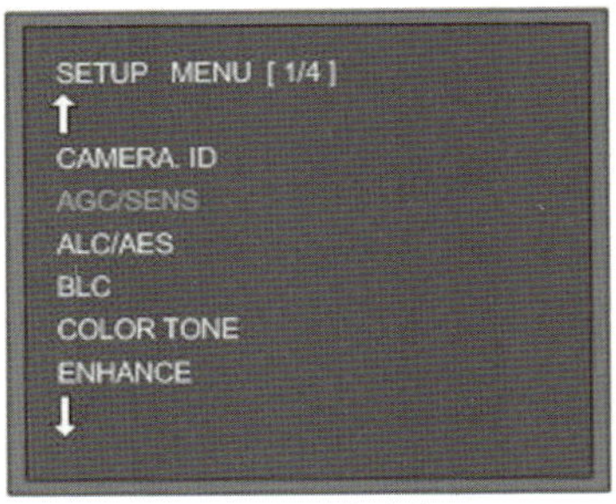

1) UP/DOWN버튼을 이용하여 AGC/SENS 설정으로 이동한다. 이동후 메뉴버튼을 다시 누르면 AGC/SENS 세부설정 화면 항목이 활성화 된다.

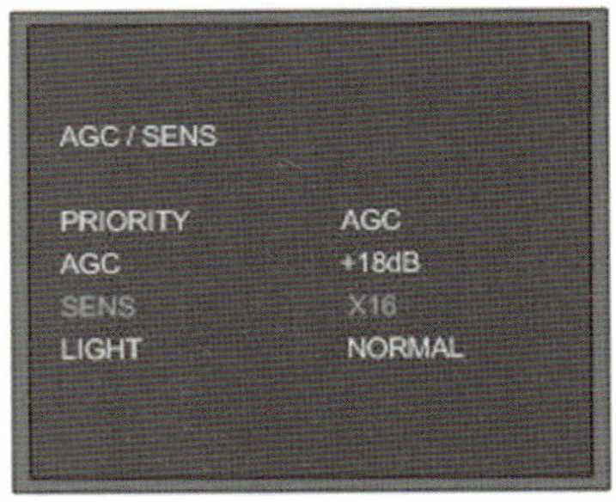

2) AGC/SENS 세부설정 화면이다. 여기서 SENS와 LIGHT부분을 재설정하게 된다. UP/DOWN버튼을 이용하여 SENS로 이동한다. 이동후 메뉴버튼을 다시 누른다.

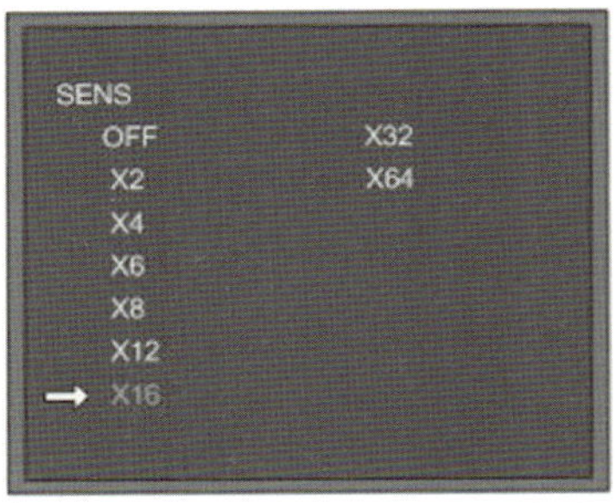

3) SENS 세부설정 화면이다. CCD의 감도를 조절하는 단계이다. 별도의 조명없이 실험실 내부에서 실험이 이루어지므로 감도를 X16 혹은 X32로 설정한다. 설정방법은 UP/DOWN버튼을 이용하여 해당 항목으로 이동후 메뉴버튼을 누르면 된다.

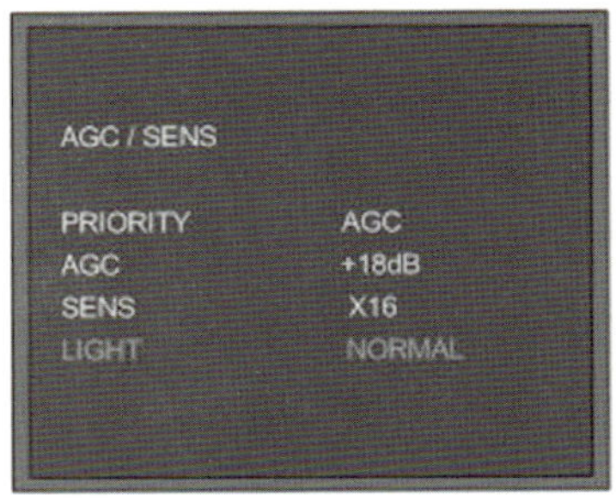

4) ① BACK버튼을 눌러 SENS 세부설정 화면에서 다시 AGC/SENS 설정화면으로 이동한다. UP/DOWN 버튼을 이용하여 LIGHT 설정메뉴로 이동한다. 이동후 메뉴버튼을 눌러 세부설정 화면으로 이동한다.

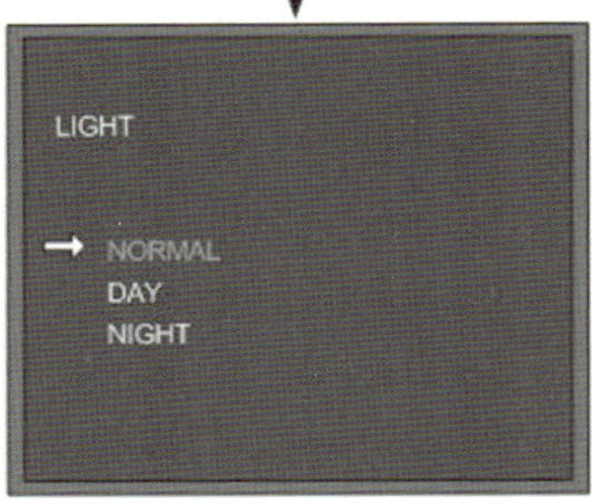

5) LIGHT 세부설정 화면이다. 사용하고 있는 카메라에는 DAY/NIGHT기능이 있다. 이것은 빛의 양이 적어 물체가 어둡게 보이게 되면 자동으로 흑백화면으로 바뀌게 된다. 영상분석실험에서는 이 기능이 필요없으므로 이 기능을 off해 주어야 한다. 설정방법은 UP/DOWN버튼을 이용하여 NORMAL로 이동후 메뉴버튼을 누르면 된다. 설정후에는 ① BACK버튼을 여러 번 눌러 모든 카메라 설정메뉴를 나가면 된다.

2) CNB 카메라의 경우

① 카메라 리모콘 설명

① 메뉴선택 취소버튼
메뉴버튼에 의해 카메라 설정시 사용. 선택된 메뉴의 이전 상위단계로 이동시, 메뉴설정을 완료시 사용한다.

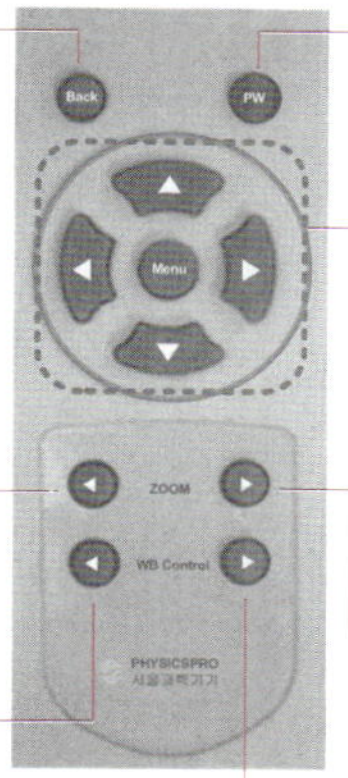

② 전원스위치
CCTV 카메라의 전원을 켜거나 끈다. 실험 중에는 거의 사용하지 않는다.

③ 메뉴선택/이동 버튼
셔터스피드 등의 카메라 설정을 변경할 때 사용된다. 메뉴버튼을 누르면 화면에 메뉴가 활성화된다. 메뉴의 이동은 UP/DOWN버튼을 이용한다. 메뉴의 선택은 해당설정메뉴에서 메뉴버튼을 한번더 클릭하면 된다.

④ Zoom 설정 버튼 W
누르고 있는 동안 화면의 범위는 작아진다. Zoom in 기능

⑤ Zoom 설정 버튼 W
누르고 있는 동안 화면의 범위는 커진다. Zoom Out기능

⑥ 밝기조절 버튼 +
누르고 있는 동안 화면의 밝기는 계속 밝아지며 색대비는 감소한다.

⑦ 밝기조절 버튼 –
누르고 있는 동안 화면의 밝기는 계속 어두워지며 색대비는 증가한다.

② 감도 및 노출모드 설정DAY/NIGHT 기능은 OFF상태로 하여야 한다. 이 기능은 노출이 충분하지 않은 경우 화면이 흑백으로 바뀌는 기능이다.

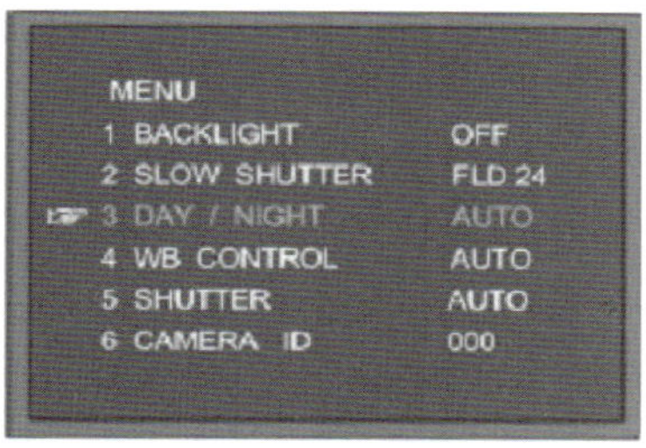

1) UP/DOWN버튼을 이용하여 DAY/NIGHT 설정으로 이동한다.

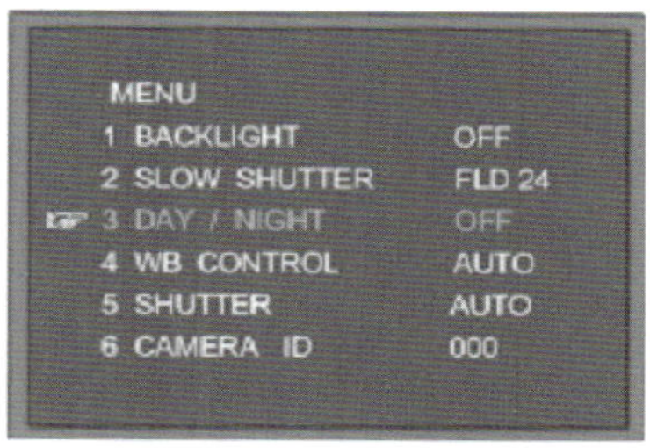

2) DAY/NIGHT 기능을 OFF로 조정한다.

③ 셔터스피드 설정

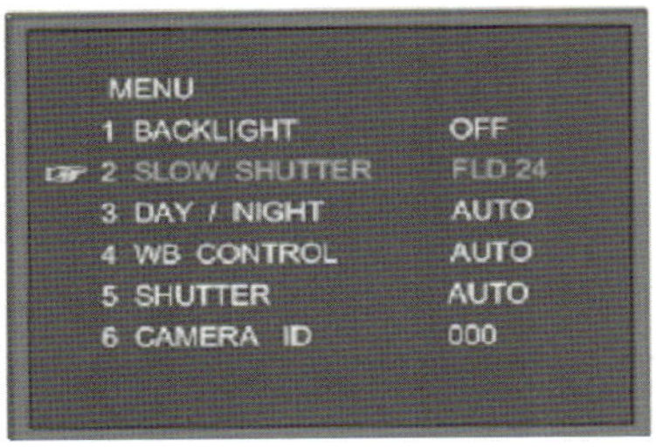

1) ③메뉴선택 버튼을 누르면 모니터에 옆의 그림과 같은 화면이 활성화 된다. 이때 메뉴버튼을 5초 이상 계속 누르고 있어야 한다. 메뉴간 이동은 UP/DOWN버튼을 이용한다.

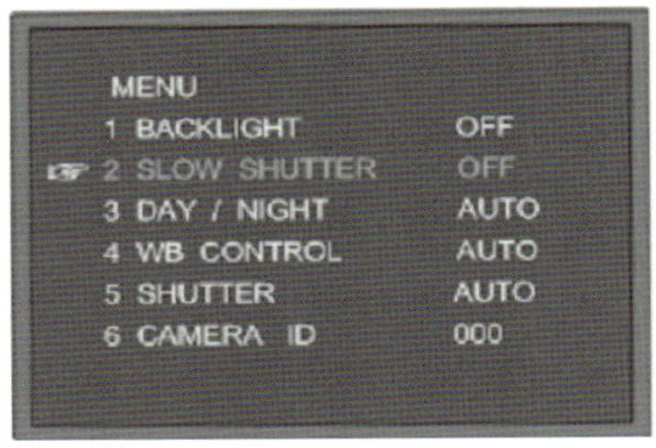

2) UP/DOWN 버튼을 이용하여 SLOW SHUTTER 설정으로 이동한다. 설정값을 OFF로 하고 메뉴를 빠져나온다.

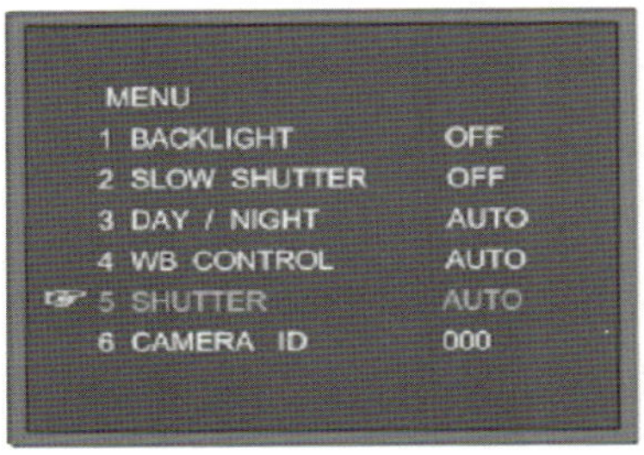

3) UP/DOWN 버튼을 이용하여 SHUTTER설정으로 이동한다. 이때 반드시 2)의 과정에서 SLOW SHUTTER 설정이 OFF로 되어 있어야 하며 그렇지 않은 경우 SHUTTER 속도조정을 할 수 없다.

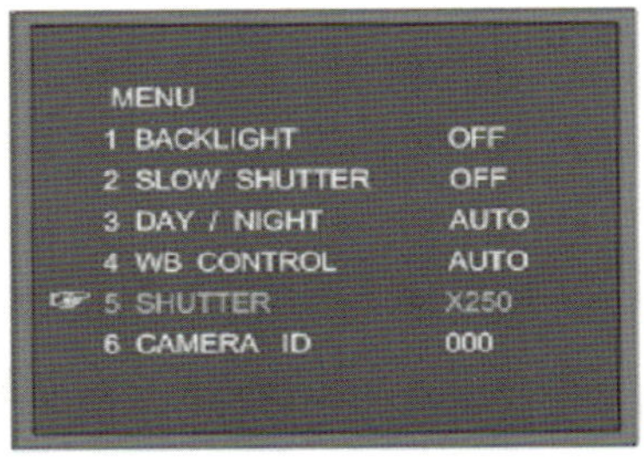

4) 셔터스피드를 ×250으로 한다. 이렇게 되면 셔터스피드가 1/250으로 설정된다. 외부조명을 사용하는 경우 셔터스피드를 ×1000, ×2000등으로 하면 더욱 선명한 동영상을 얻을 수 있다.

4) 카메라 정렬

I-CA System을 통하여 정확한 측정값을 얻기 위해서는 카메라 앵글과 실험상의 운동면이 나란해야 한다. 즉 카메라는 실험면과 마주보는 면에서 평행해야 하고, 기울어져서는 안된다. 또한 기본적으로 구면수차를 감안하여 2~3 m 뒤에 설치하고 줌기능을 통하여 최적화면을 캡쳐한다. 카메라 위에 수평계 등을 올려 수평을 잡고, 실험면과는 스크린 기준선을 통해서 맞춘다. 특히 스크린이 평형이 잡혀있다면 아래의 방법을 활용한다.

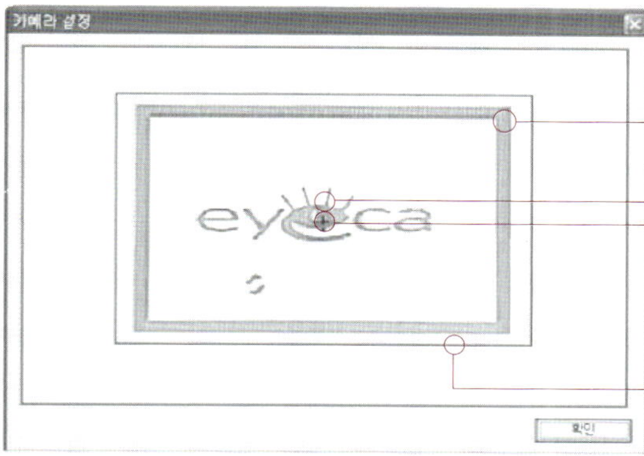

스크린 기준선
카메라를 통하여 보여지는 스크린상의 기준선, 물체의 운동면을 나타낸다.

스크린 중앙점
카메라를 통하여 보여지는 스크린상의 기준선, 물체의 운동면의 중앙을 나타낸다.

카메라 중앙점
카메라 앵글의 중앙을 나타낸다.

카메라 기준선
카메라 앵글면을 나타낸다.

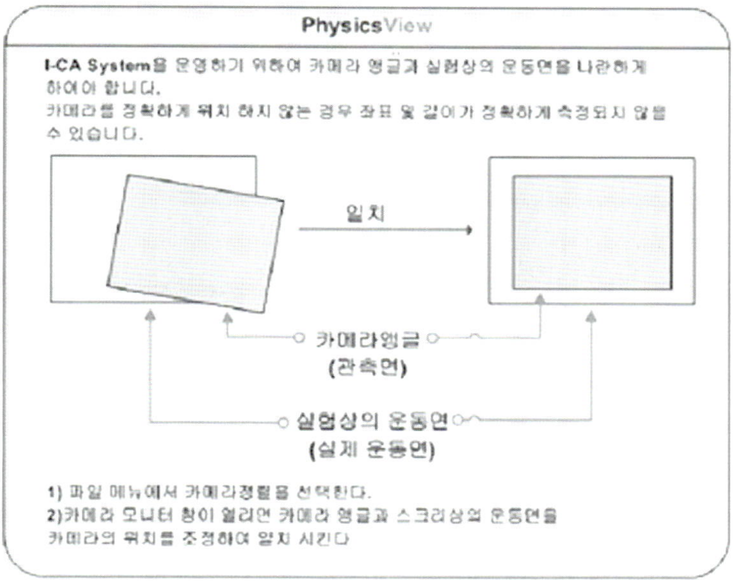

2 PhysicsView 사용법

1) 화면구성

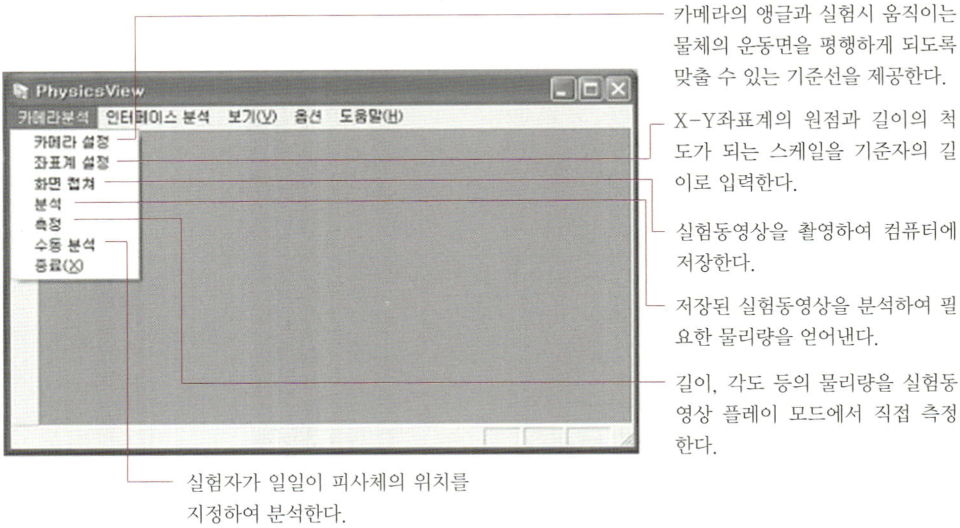

2) 화면캡처

실험에 필요한 화면을 촬영 저장한다.

① 좌표계 설정을 위한 기준자 준비 및 실험을 위한 촬영 준비등 실험에 필요한 녹화 준비를 한다.

② 준비가 되었으면, 메뉴에서 카메라 분석을 클릭, 화면캡쳐를 클릭한다.

③ 다음 그림과 같은 화면캡쳐 화면에서 (a)부분을 클릭하면 (b)와 같이 파일이름을 지정하는 창이 뜬다.

④ 파일 이름과 저장 경로를 지정하고 저장을 클릭한다.

⑤ 캡쳐시작을 클릭하면, 캡쳐를 시작한다는 메시지가 뜨고, 확인을 클릭하면 이 순간 부터의 동영상이 지정한 파일에 저장되기 시작한다.

⑥ 원하는 부분까지 촬영이 끝나면, 캡쳐끝을 클릭한다. 캡쳐한 동영상을 저장하시겠습니까라는 메시지가 뜨고 확인을 클릭하면 저장이 되기 시작한다. 저장이 되기까지 약간의 시간이 소요되며 저장율이 표시된다. 취소를 클릭하면 저장되지 않고, 다시 화면캡쳐 화면으로 돌아간다.

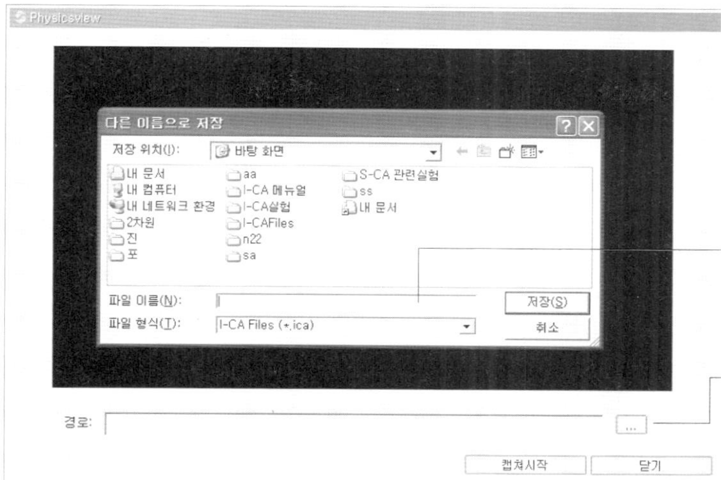

⑦ 저장이 완료되면, 다시 화면캡쳐 화면으로 돌아가고, 다시 촬영할 부분은 위의 과정을 반복하여 다른 이름으로 저장하고, 화면캡처가 끝나면 닫기 버튼을 통하여 메인화면으로 돌아간다.

[주의] I-CA 시스템은 피사체를 색상인식 방식으로 인식하므로 촬영배경에 피사체와 비슷한 색상이 없도록 해야 하며, 촬영화면을 통해서 피사체의 색상인식에 문제가 없는지 확인한다. 촬영 전에 최대한 선명히 피사체를 인식할 수 있도록 화면을 통해 확인하고 조정하여야 한다.

3) 좌표계 설정

분석을 하기 전에 기본적으로 실험하는 면에서의 길이의 척도 및 원점의 위치가 지정되어 있어야 한다. 이 과정이 좌표계 설정이다.

① 운동면에 일치하게 기준자를 정렬한다.

② 파일메뉴에서 화면캡처를 선택하고 기준자가 잘 보이면 화면을 캡처한다.

③ 화면을 캡처하여 저장할 디렉토리와 파일명을 선택한다.

④ 화면캡처 시작버튼을 누른다.

⑤ 1~2 초간 화면을 캡처하고 캡처 종료버튼을 누른다.

⑥ 파일 메뉴에서 좌표계 설정 메뉴를 선택 클릭하고, 저장된 파일을 불러온다.

⑦ 다음 그림과 같은 좌표계 설정 화면에서 기준자의 양단에 표시된 색을 클릭하여 시작점과 마지막 점을 지정한다. 이 때 시작점을 먼저 클릭한 후 시작점의 위치를 지정하는 방식이어야 한다.

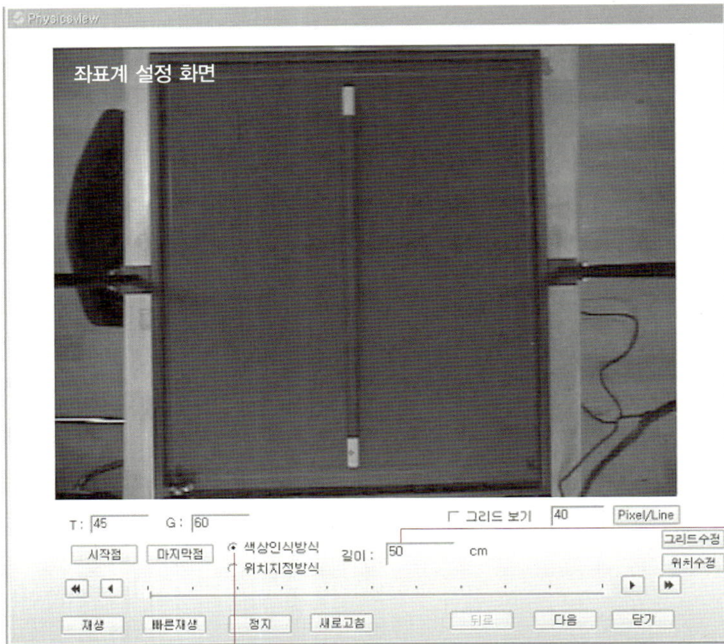

기준자의 크기를 입력하는 곳

기준자의 위치를 지정하는 방식을 정하는 곳

- 색상인식방식 : 클릭한 곳의 색상을 인식 T, G칸의 값 만큼의 RGB 편차를 동일색으로 간주 동일색 영역의 중심점을 컴퓨터가 찾아 지정하는 방식
- 위치지정방식 : 시작점, 마지막점등 포인트를 화면상에서 사용자가 직접 지정하는 방식

⑧ 기준자의 길이를 입력하고 다음 버튼을 클릭한다.

[참고] 기본적으로 제공되는 기준자의 길이는 50 cm이다.

⑨ 다음 버튼을 클릭하면 좌표계의 원점을 잡는 화면으로 넘어가는데 화면상의 한 점을 클릭하고 확인을 클릭하면 좌표계 설정이 끝이 난다.

4) 분 석

화면캡처를 통하여 저장된 파일을 불러와 분석하여 결과를 얻게 되는 메뉴이다.

실험 결과는 기초 Data가 되는 좌표, 각도, 길이, 시간 등의 Data와 실험의 대략을 알게 해주는 기본적인 피사체의 궤적 등만을 보여주게 되는데, 이를 계산하여 추세선, 그래프 등을 얻을 수 있다.

기본적으로 각 데이터는 텍스트 파일로 저장되며 엑셀 등의 스프레드 쉬트에서 작업 가능하도록 포맷되어 있다.

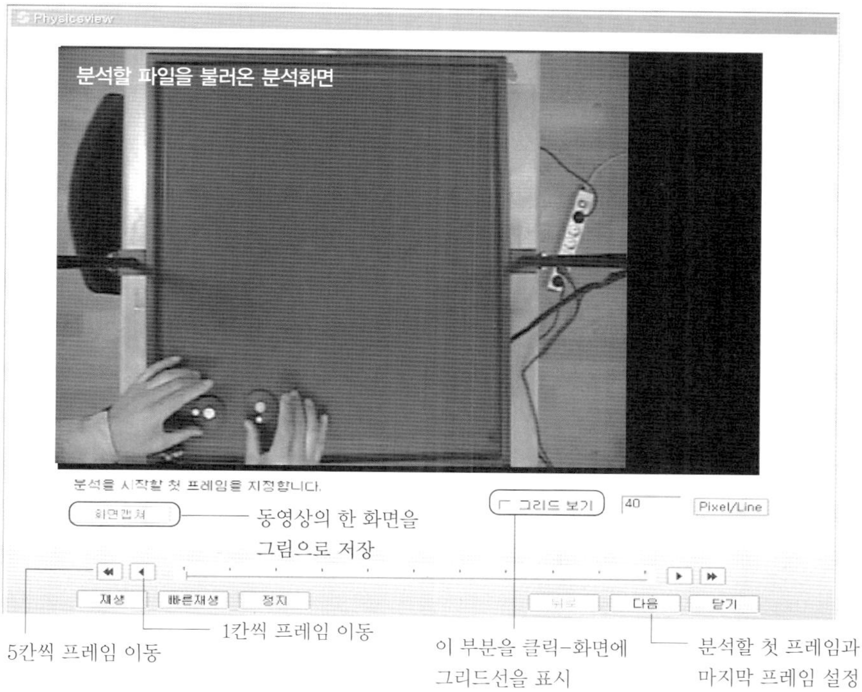

① 분석할 실험파일 불러오기

② 분석을 시작할 프레임 설정(다음클릭)

③ 분석을 종료할 프레임 설정(다음클릭) - 피사체를 선정하는 화면으로 넘어감

④ 피사체의 갯수를 설정하고, 피사체를 클릭하여 피사체를 선정한다.

⑤ 피사체 선정이 끝나면 다음을 클릭/분석화면으로 넘어가면 분석시작을 누른다. 분석과정은 백분율로 표시된다.

⑥ 분석완료/기본적인 피사체의 궤적을 나타내는 그림파일이 출력된다.

⑦ 시간별 피사체의 위치에 관한 데이터가 산출되어 나타난다.

⑧ 기본적인 피사체의 궤적에 관한 그래프 및 추세선을 구할 수 있다.

⑨ 이후 물리적 의미를 갖는 실험데이터는 실험식에 의하여 실험자가 직접 계산한다.

㉠ **거리 구하기** : 화면으로 돌아가 2점 사이의 거리, X축과의 거리, Y축과의 거리를 화면상에서 직접 구하는 기능으로 2점 사이의 거리를 프레임을 이동하여 구하였다면 길이와 시간이 모두 표시된다.

㉡ **각속도구하기** : 좌표 기준점과 고정 기준점 방식의 두 가지가 있으며 전자는 피사체1의 운동에 따른 피사체2의 회전한 각도를 측정하는 방식이고, 후자는 화면상의 한 점을 기

준점으로 지정 피사체가 회전한 각도를 측정한다. 측정된 값은 텍스트 파일로 표시되며 이를 저장하면 된다.

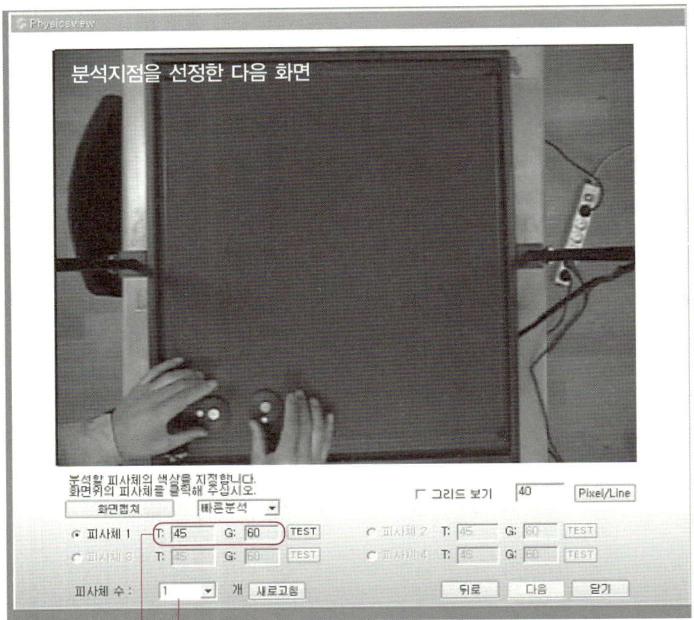

피사체의 갯수를 선정

RGB편차를 지정하는 곳으로 기본 최적조건으로 입력되어 있으나 화면에서 색상 인식이 뚜렷하지 않으면 작은 쪽으로 조정하는 것이 좋다.

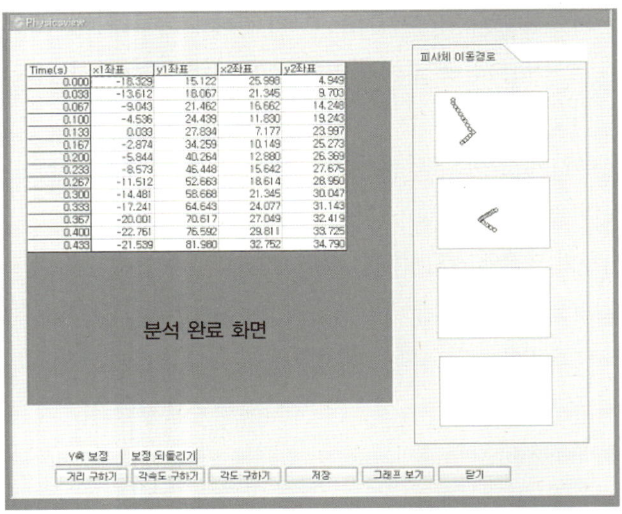

Time(s)	x1좌표	y1좌표	x2좌표	y2좌표
0.000	-18.329	15.122	25.998	4.949
0.033	-13.612	18.067	21.345	9.703
0.067	-9.043	21.462	16.662	14.248
0.100	-4.536	24.439	11.830	19.243
0.133	0.033	27.834	7.177	23.997
0.167	-2.874	34.259	10.149	25.273
0.200	-5.844	40.264	12.880	26.369
0.233	-8.573	46.448	15.642	27.675
0.267	-11.512	52.663	18.614	28.950
0.300	-14.481	58.668	21.345	30.047
0.333	-17.241	64.643	24.077	31.143
0.367	-20.001	70.617	27.049	32.419
0.400	-22.761	76.592	29.811	33.725
0.433	-21.539	81.980	32.752	34.790

㉢ **각도 구하기** : 화면상에서 직접 각도를 구하는 기능으로, 3점 사이의 각도, X축과의 각도, Y축과의 각도를 구할 수 있다. 중심점과 시작점, 마지막 점을 화면상에서 직접 지정하는 방식으로 도와 라다안으로 표시된다.

㉣ **저장** : 측정된 값을 텍스트 문서로 저장하는 기능으로 이를 액셀등 기타 프로그램으로 해석할 수 있게 한다.

㉤ **그래프 보기** : 각 피사체별로 X-Y, T-X, T-Y그래프를 1차 또는 2차함수로 구하고 이를 그림파일로 저장할 수 있는 기능이다. 그래프에 추세선과 상관계수의 제곱값이 표시된다.

㉥ **데이터 수정** : 피사체의 좌표에서 특정 데이터를 클릭하게 되면 클릭한 데이터의 시각에 위치한 피사체의 위치가 우측의 피사체의 이동경로 화면에서 붉게 표시 된다. 이 때 더블클릭하게 되면 데이터 수정화면으로 넘어가고 잘못 인식된 좌표값을 수정할 수 있습니다.

㉦ **Y축 보정** : Y축을 피사체의 운동방향으로 향하게 하는 기능으로 보정 되돌리기를 통하여 원래의 데이터로 다시 되돌릴 수 있다.

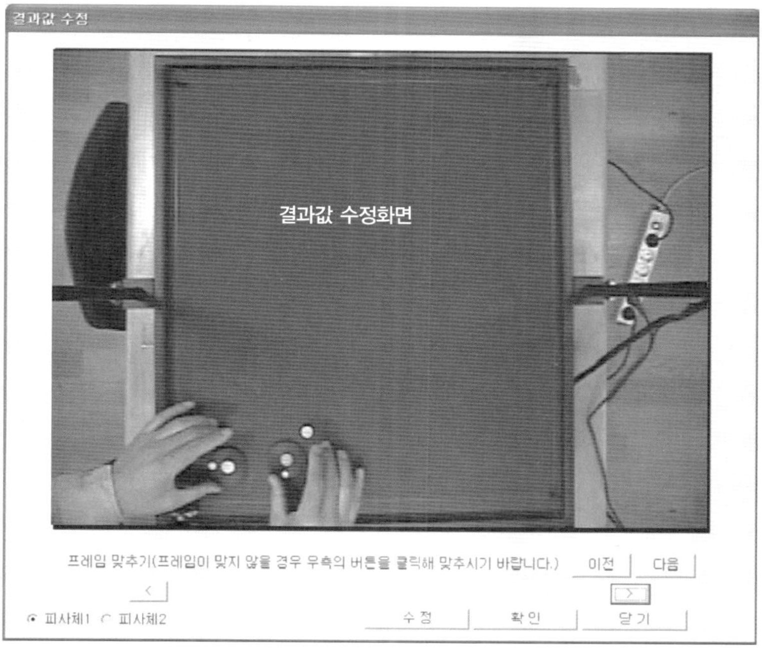

일례로 피사체2의 위치가 Puck의 중앙 부분이어야 하는데 화면의 붉은 점으로 잘못인식되었다면 수정을 클릭한 후 직접 사용자가 피사체 위치를 화면상에서 지정, 수정후 확인을 누르면 피사체2의 위치가 수정된 위치로 지정된다.

ⓞ 분석처리 과정의 일괄 예

분석(Data 처리)

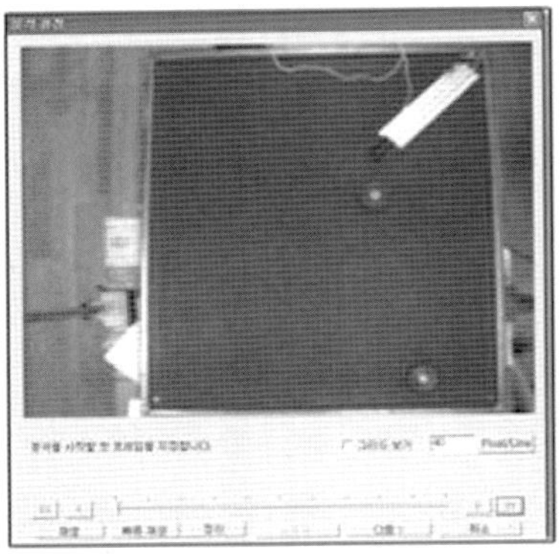

분석 첫 프레임 지정
저장된 실험 동영상에서 실제 실험내용이 녹화된 부분의 첫 번째 프레임을 지정.
프레임 지정은 다음 버튼으로 설정된다.

— 첫 프레임 지정 →

Tip
불필요한 부분을 포함하면 분석시간이 길어지게 된다. 재생을 통하여 전체 저장화면을 검토한 후 필요한 부분을 기억하여 지정한다.

분석 마지막 프레임 지정
실험이 종료된 프레임을 지정한다. 마지막 프레임은 항상 첫 프레임보다 뒤에 있어야 한다.

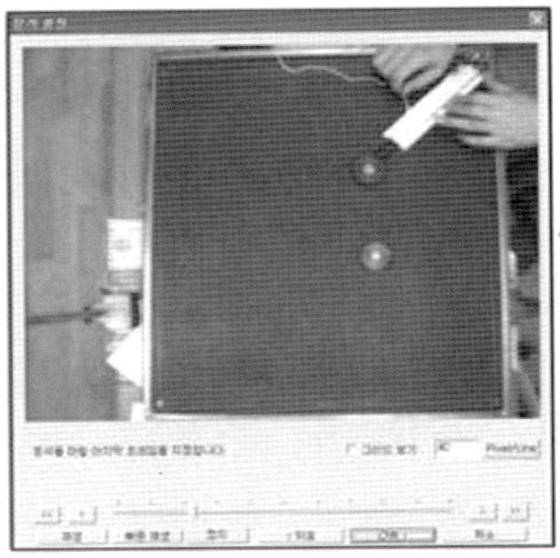

마지막 프레임 지정

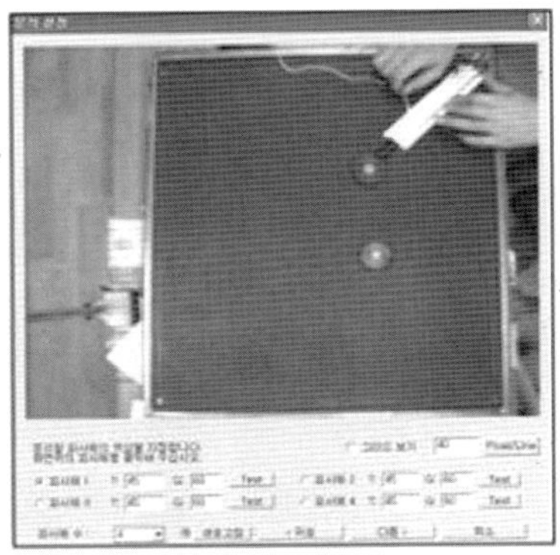

분석할 피사체 설정(색 설정)
분석할 피사체의 색을 지정한다. 지정후 Test버튼으로 피사체의 색코드가 제대로 인식되었는지 검사한다. 피사체의 색은 최대 4개까지 가능하다.

← 피사체 설정 —

Tip
지정된 색코드의 많은 부분이 인식되도록 피사체의 색상을 선택하는 것이 좋은 결과를 얻을 수 있는 방법이다.
재설정시 새로고침 버튼으로 색상지정을 다시 할 수 있다.

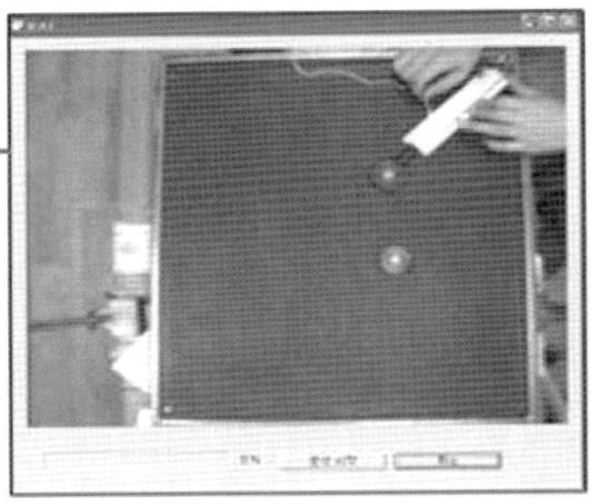

분석시작
분석을 시작한다.
분석진행률은 백분율로 표시된다.

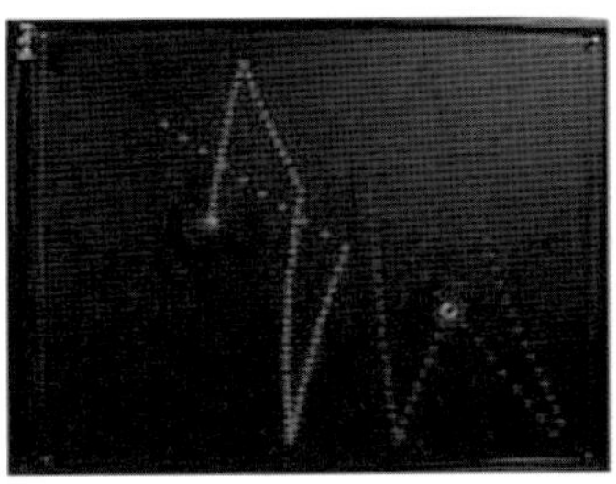

피사체의 궤적표시
분석 완료와 함께 분석범위 시간 동안 움직인 피사체의 궤적이 그림 파일로 표시된다. 궤적그림을 통하여 실험의 대략적인 개요를 알 수 있다.

— 분석완료 →

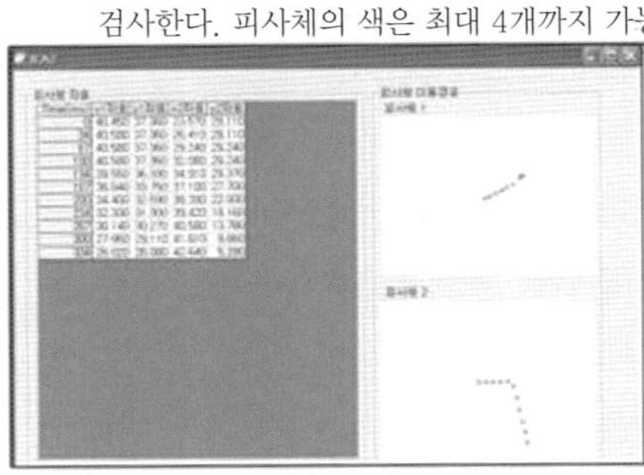

분석완료/피사체의 좌표표시
분석이 최종 완료되면 시간대별 피사체의 좌표와 피사체별 이동경로가 표시된다.
시간대별 피사체의 좌표값과 실험식을 통하여 의미있는 물리량을 계산하게 된다.

5) 오류처리

Physicsview는 색인식 방식으로 분석과정에서 색인식이 제대로 되지 않거나 유사한 색이 주변에 많은 경우 오류가 발생 할 수 있습니다. 이럴 경우 피사체를 인식할 수 없다는 메시지가 뜨고 사용자가 직접 피사체의 위치를 클릭하여 주어야 한다.

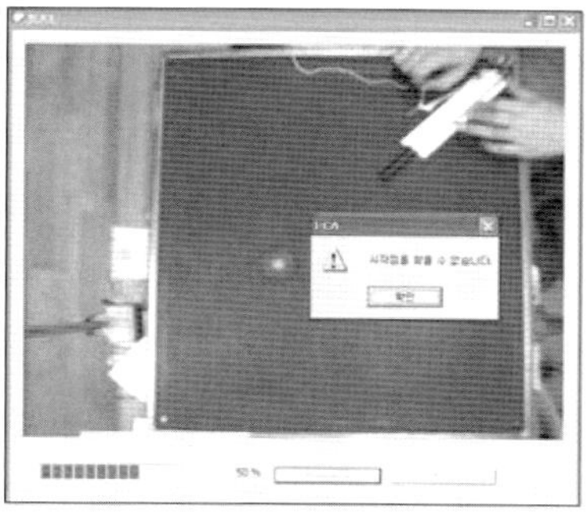

오류데시지/색인식 에러

분석 진행중 색인식이 제대로 되지 않는 경우 그림과 같은 오류 메시지가 출력됩니다.
확인 버튼과 함께 몇번째 피사체의 색인식이 제대로 되지 않는지 알려주는 메시지가 출력되고 분석과정의 피사체 설정 메뉴가 다시 출력됩니다.

피사체 재설정/오류수정

오류가 발생한 피사체의 색상을 재설정합니다.
재설정 후 확인 버튼을 누릅니다.
실험에 따라 피사체가 실험기기에 가려져 보이지 않는 경우가 있습니다. 이 경우 건너뛰기를 선택하면 해당 프레임을 건너뛰고 분석을 계속하게 됩니다.

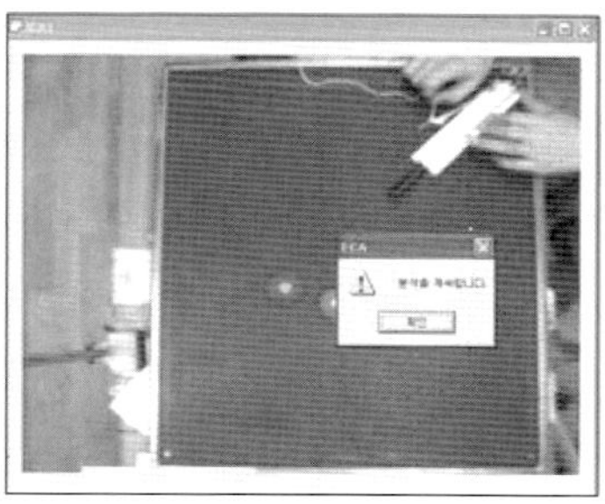

피사체 재인식/분석계속

피사체가 재인식되면 분석을 계속하게 됩니다.
이와 같은 과정은 실험에 따라 수회 반복될 수도 있습니다.

부록 1-2

S-CA 사용법

S-CA(Signal Capture and Analyzer)는 전기 및 온도, 조도 등의 물리량을 Computer Interface Board를 이용하여 컴퓨터로 입력하고 이를 전용프로그램인 PhysicsView를 이용하여 저장하고 분석하는 계측전용 실험세트이다.

S-CA는 대표적인 계측기인 오실로스코프, 멀티미터, 데이터 로그의 기능 외에 물리실험에 필요한 신호발생기의 기능을 가지고 있다. 별도의 센서없이 전류, 전압 측정이 가능하며 별도의 자기장, 빛, 온도 센서를 공급하고 있다.

1 S-CA 시스템 구성

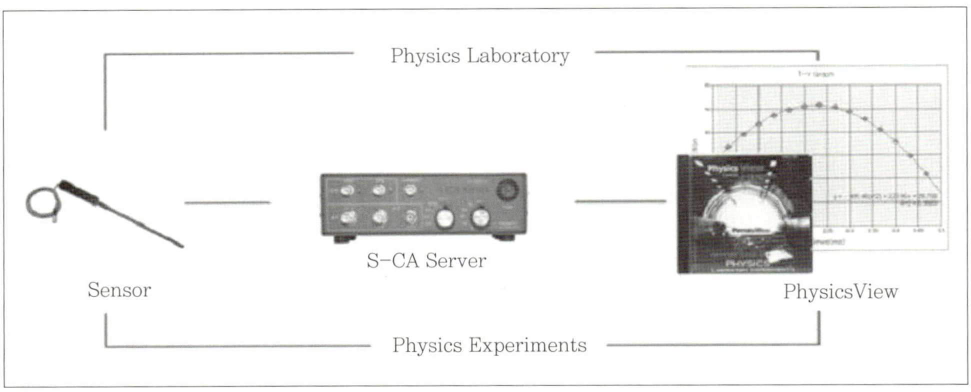

1) S-CA Server

전압 등의 물리량을 컴퓨터가 인식할 수 있는 신호로 변환하여 송신하고, 필요한 신호를 발생 송출하는 장치이다.

CHA, CHB 신호입력단자
CHA, CHB에 여러 가지 신호를 입력한다. 입력된 신호는 USB케이블을 통하여 컴퓨터에 전송된다.

신호발생기 신호출력단자
사인피등의 여러 가지 실험에 필요한 전기신호를 발생시킨다. 신호는 후면의 입력단자에 재입력하여 증폭할 수 있다.

CHA 출력신호 선택 스위치
CHA 출력단자에 출력되는 신호의 종류를 선택한다. 신호의 종류는 후면의 CHA 입력단에 의해 결정된다.

전면

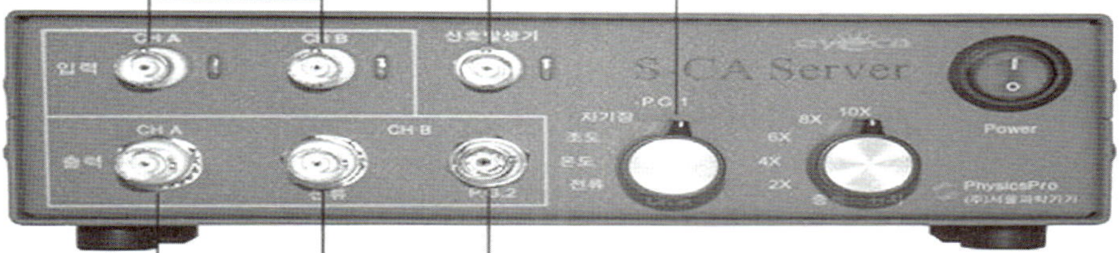

CHA 신호출력단자
CHA의 여러 가지 신호를 출력한다. 출력신호의 종류는 CHA 출력신호 선택 스위치에 의해 결정된다.

CHB 전류출력단자
CHB에 입력한 전류신호를 출력한다.

CHB 전류출력단자
CHB 포토게이트 센서의 신호를 출력한다.

전류신호 입력단자
CHA와 CHB에 전류신호를 입력한다.

후면

USB Interface
편리한 USB Interface 작용으로 실험장치 구성이 간단하다.

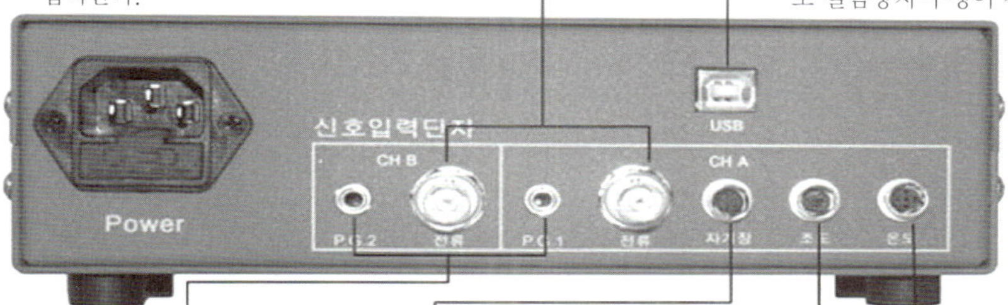

포토게이트신호 입력단자
CHA와 CHB에 포토게이트 신호를 입력한다.
포토게이트 센서

자기센서 입력단자
CHA에 자기센서를 이용하여 신호를 입력한다.
자기장 센서

광센서 입력단자
CHA에 광센서 모듈을 이용하여 신호를 입력한다.
광센서모듈

온도센서 입력단자
CHA에 온도센서를 이용하여 신호를 입력한다.
온도센서

2) S-CA Sensor

전압, 전류 외에 자기장, 조도, 온도를 측정할 수 있도록, 가우스 센서, 광 센서, 온도 센서를 포함하고 있다.

3) PhysicsView 프로그램

P4 프로세서에 램 512MB 이상 window XP 시스템을 요구사항으로 한다.

2 Specification

1) 오실로스코프

- 샘플속도 : 10MS/S/CH
- Resolution : 12-bit
- 수직주파수 : DC~최대 1MHz
- Time Base : 2 μs~50 ms
- Y-Scale : 10 mV/div~5 V/div
- 입력채널 : CH A, CH B
- 부가기능 : On Screen X(time) and Y(volt) 측정커서
  측정데이터 CVS(TXT)파일 저장
  BMP파일로 스크린 저장

2) 신호발생기

- Buffer : 32KB
- 출력파형 : Sin, Square, Triangle, Pulse User defined
- 출력전압 : 최대 7 V(전류 25 mA 이하)

3) Data Logger

- 샘플링속도 : 100,000~100 Samples/Sec
- 부가기능 : X, Y-axis 스케일 조정
  측정데이터 CSV파일 저장
  BMP파일로 스크린 저장

4) 멀티미터

- 전압계
- 전류계, 조도계, 온도계, 자기장 측정(기본 교정 작업 필요)
- 포토게이트 타이머(입력 2CH)

5) 재원

- 운영체계 : P4/램512 MB/Window XP
- 통신방식 : USB 2.0
- 전원 : 220 V/60 Hz

3 PhysicsView 사용법(S-CA)

1) 화면구성

오실로스코프와 신호발생기, 계측기를 볼 수 있다.
실시간 데이터 수집이 가능한 데이터로그 및 신호발생기로 구성
포토게이트 타이머를 오픈

2) 스코프 보기 화면구성

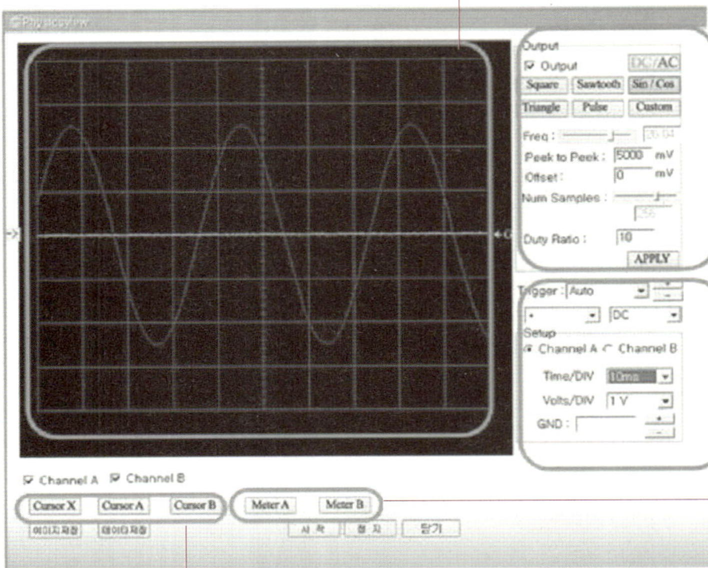

오실로스코프 출력화면
오실로스코프 출력화면

신호발생기 Control
신호발생기의 출력파형, 출력전압, 주파수를 조절합니다.

오실로스코프 Control
오실로스코프의 기능을 조절합니다.

계측기 on/off 버튼
각 채널별로 계측기를 on/off합니다.

측정용 Cursor
오실로스코프의 X축, Y축 데이터를 읽을 때 사용하는 측정용 보조선 cursor를 on/off합니다.

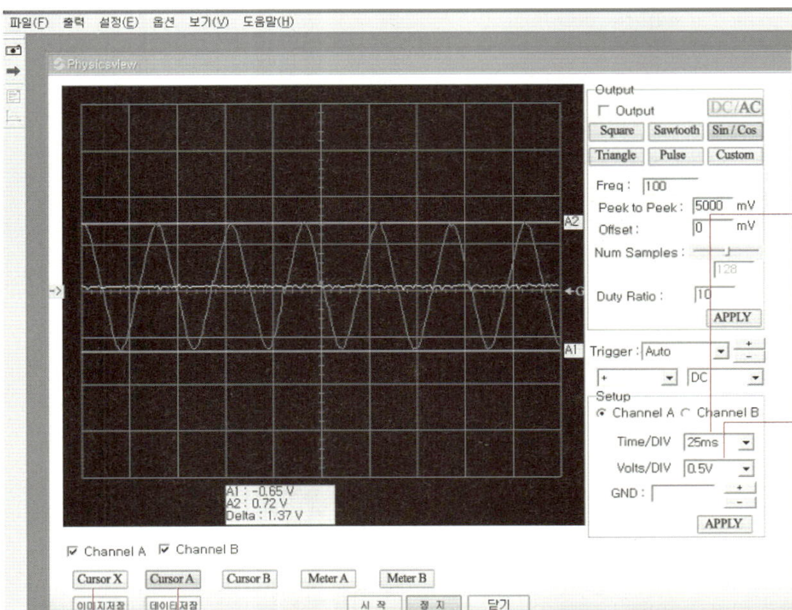

채널 A의 Y축상의 두 지점의 좌표값 차이를 보여준다.

X축상의 구하고가 하는 두 지점에 커서 1, 2를 위치시켜 두지점 간의 좌표값 차이를 계산하여 보여준다.

화면의 X축인 time 스케일을 설정한다. 즉, 1에서 25로 변경하면 스코프상의 X축 한 눈금이 1 ms에서 25 ms로 변경된다.

화면의 Y축인 전압 V의 스케일을 설정한다. 즉, 1에서 0.5로 변경하면 스코프상의 Y축 한 눈금값이 1/2가 되어 Y축 방향으로 2배 확대된 화면이 된다.

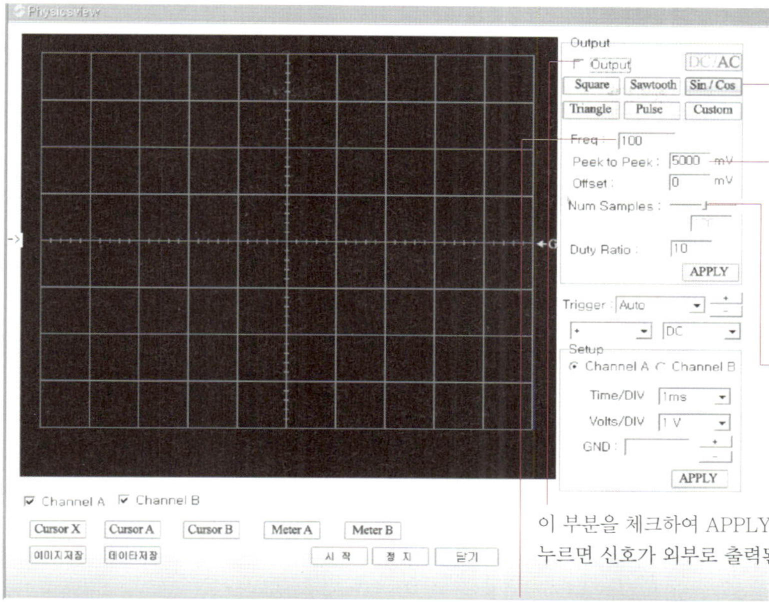

출력되는 파의 형태를 결정한다.

출력되는 전압의 크기를 입력한다.
9000 mV를 입력하면 rms 값으로 3.18 V 정도의 전압이 출력된다.

출력되는 파의 비트를 결정한다.
16~1024까지 가능하며 기본 128로 설정되어 있다.

이 부분을 체크하여 APPLY를 누르면 신호가 외부로 출력된다.

주파수를 입력한다.
Num samples 128에서는 1~999까지 변화가 가능하고 Num samples 32에서는 1~3999범위내에서 임의의 값을 지정할 수 있다.

3) 데이터로그 보기 화면 구성

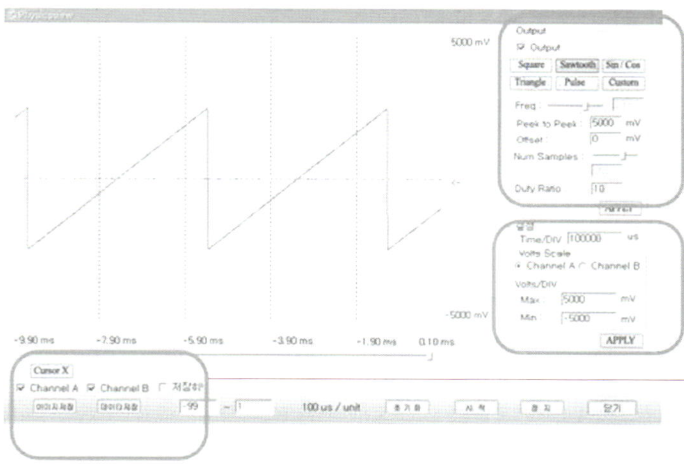

신호발생기 Control
신호발생기의 출력파형, 출력전압, 주파수를 조절합니다.

데이터로거 설정 Control
데이터로거의 출력창의 출력데이타값을 조절합니다.

데이터저장 설정 Control
데이터로거에 출력되고 있는 데이터의 저장에 관한 사항을 조절합니다.

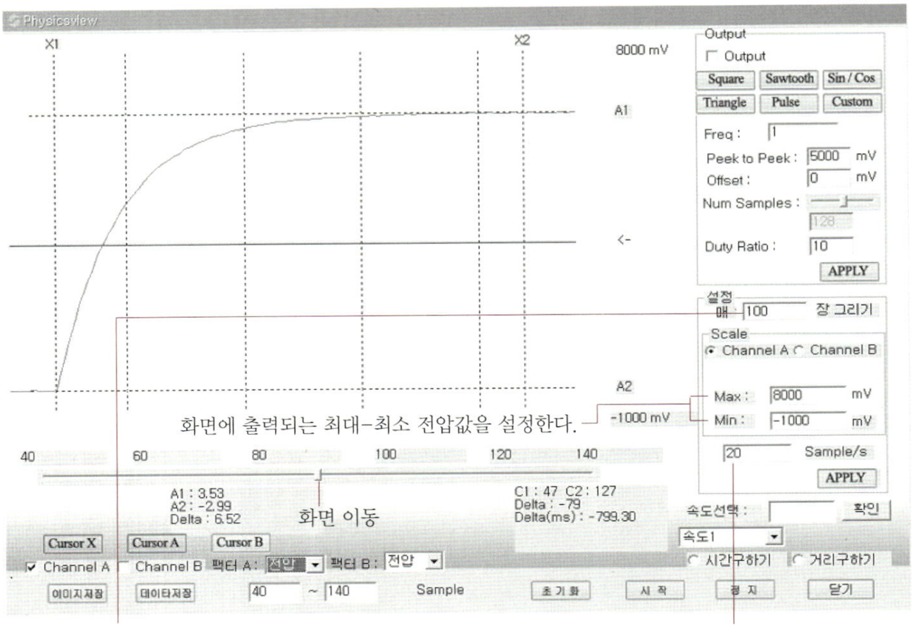

한 화면에 보여지는 데이터의 숫자를 설정한다. 즉 100에서 200으로 바꾸면 한 화면상 데이터 간격이 1/2로 되면서 2배의 데이터가 보여진다. 화면에 출력되는 최대-최소 전압값을 설정한다.

초당 측정되는 데이터의 수를 결정한다. 즉 10에서 20으로 바꾸면 매 0.1 초 간격으로、데이터를 측정하던 것이 0.05 초 간격으로 변경된다.

4) 계측기 meter

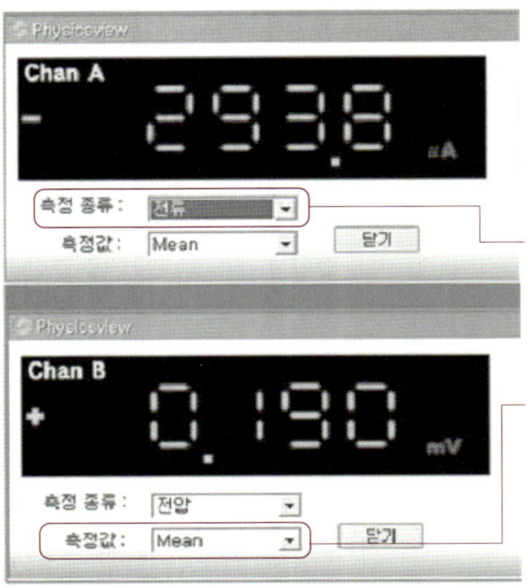

계측기 meter 출력화면

계측기 on 버튼에 의해 활성화 되며 전류계, 전압계, 조도계, 온도계, Gauss meter로 구성되어 있으며 각각은 Mean(평균값), Minimum(최소값), Maximum(최대치), Peak to Peak(최대변위), Frequency(주파수) 값을 측정할 수 있습니다.

측정신호 종류 선택단자

계측기에 출력되는 신호의 종류를 선택합니다. 이때 선택되는 신호는 S-CA server의 신호입력과 같은 것으로 되어 있어야 합니다.

측정값의 종류 선택단자

계측기에 출력되는 신호값을 선택합니다.
신호값은 전류계, 전압계, 조도계, 온도계, Gauss meter로 구성되어 있으며 각각은 Mean(평균값), Minimum(최소값), Maximum(최대치), Peak to Peak(최대변위), Frequency(주파수) 값

부록 2-1

DataStudio 설명서

1. Introduction

1) DataStudio란 무엇인가?

DataStudio는 데이터 획득, 표시, 분석 프로그램이다. 이러한 소프트웨어는 PASCO 인터페이스 및 센서와의 작업을 통해 데이터를 수집하고 분석한다. 사용자는 DataStudio를 사용하여 일반 과학, 생물학, 화학, 물리학에서 모든 등급의 실험을 생성하고수행할 수 있다.

(1) 인터페이스

컴퓨터 종류에 따라, 다음과 같은 인터페이스가 권장된다:

SCSI/직렬 포트 컴퓨터	ScienceWorkshop 인터페이스
USB 사용 가능 컴퓨터	PASPORT USB 링크 또는 Xplorer

(2) DataStudio 요구사항

DataStudio를 사용하려면 최소한다음의 요구사항이 충족되어야한다:

가) Macintosh

System 7.5 이상, RAM 여유 공간: 8 MB (16 MB 권장), 직렬, SCSI 또는 USB 포트, CD-ROM 드라이브, 하드 디스크 여유 공간 20 MB.

나) Windows

Windows 95, 98 또는 NT 4.0, RAM 여유 공간: 8 MB (16 MB 권장), 직렬, SCSI 또는 USB 포트, CD-ROM 드라이브, 하드 디스크 여유 공간 20 MB.

2) DataStudio 사용하기

DataStudio는 실험 과정 중에 데이터를 수집하고 표시한다.

실험을 구성하는 과정은 간단하다. 센서를 인터페이스에 연결한 후 소프트웨어를 구성하면 된다. DataStudio는 숫자 표시부(digit display), 측정계(meter), 그래프(graph), 오실로스코프(oscilloscope)를 포함하여 데이터를 볼 수 있는 다양한 방법을 제공한다.

다음과 같은 몇 가지 방법을 적용하여 DataStudio를 사용할 수 있다:

1. 사전 구성된 실험을 불러온다.
2. 사전 설계된 워크북을 불러온다.
3. 전자 워크북을 생성하거나 실험을 구성한다.

2. 장비 설치 및 소프트웨어 구성

인터페이스 종류에 따라, DataStudio 구성 및 기타 장비 설치에 대한 지시사항이 달라질수 있다. 해당 인터페이스에 적용되는 섹션을 참조하시오.

1) DataStudio 처음 시작하기 – PASPORT

PASPort 센서를 사용하고 있다면 언제든지 장비를 연결할 수 있다. 적절한 연결에 대한 세부사항은 인터페이스 설명서 또는 센서의 빠른 시작 카드(Quick Start Card)에서 찾아볼 수 있다.

PASPORT 센서를 연결하면 자동으로 PASPORTAL 창이 시작되어야 한다.

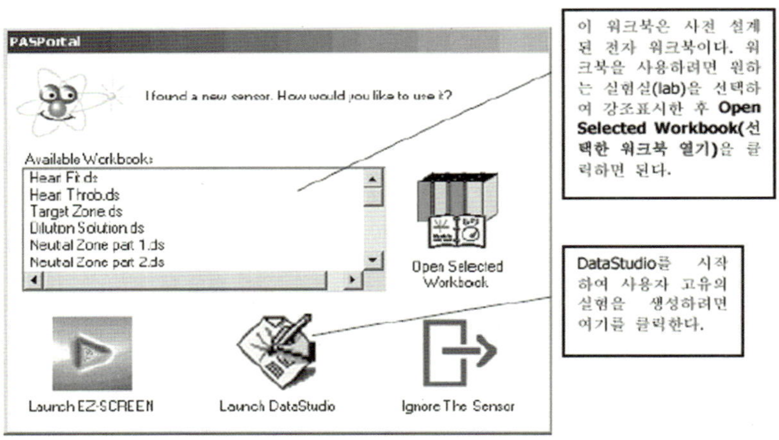

PASPORTAL 창이 시작되지 않는 경우, 바탕화면에 있는 DataStudio 아이콘을 더블 클릭하여 DataStudio 소프트웨어를 시작한다.

DataStudio가 열리면, "Welcome to DataStudio(DataStudio에 오신 것을 환영합니다)" 내비게이터 화면이 다음과 같은 4가지 옵션과 함께 나타난다:

시작 화면에서 Create Experiment(실험 생성)을 선택한다.

DataStudio가 이미 실행되어 있는 경우, File(파일) 메뉴에서 "New Activity(새 활동)"을 선택한다.

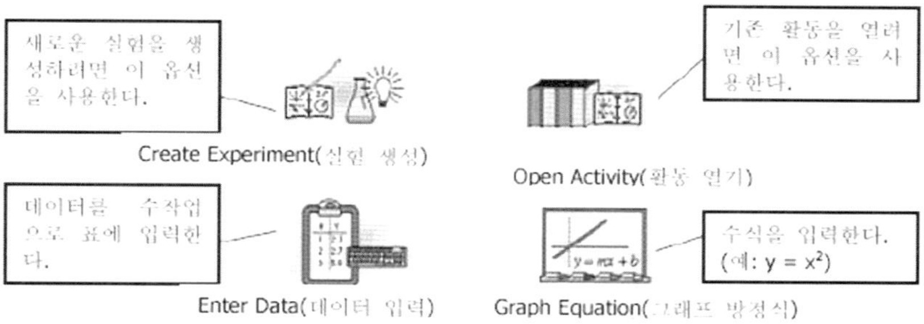

2) PASPORT 실험 구성

원하는 센서를 PASPORT 인터페이스 (예: USB 링크, Xplorer)에 연결한다. DataStudio가 자동으로 센서의 존재 여부를 감지하여 적절한 디스플레이를 생성하게 된다.

사용가능한 측정값은 Summary(요약) 패널에 표시될 것이다. 몇몇 예에서, Setup(구성) 버튼을 클릭하면 추가적인 측정값이나 단위에 액세스가 가능하다.

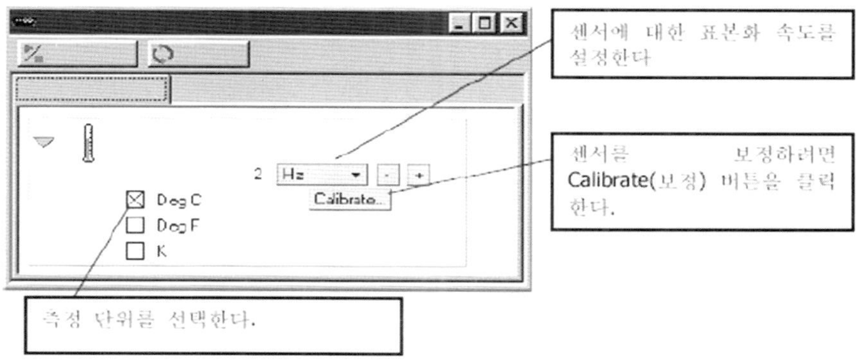

Experiment Setup(실험 구성) 창에 컴퓨터에 연결되어 있는 센서들이 표시된다. 이 창에는 각각의 센서에 대한 표본화 속도와 사용 가능한 데이터 종류가 표시된다.

보정이 필요한 센서들은 보정 버튼이 표시되어 있으며, 이 버튼을 사용하면 보정 메뉴가 활성화된다.

인터페이스에 연결되어 있지 않은 센서를 추가해야 하는 경우, 실험 구성(Experiment Setup) 창에서 Add Sensor(센서 추가) 버튼을 클릭한다. 모든 센서들이 표시된 새로운 창이 나타나며, 이 창에서 적절한 센서를 선택할 수 있다.

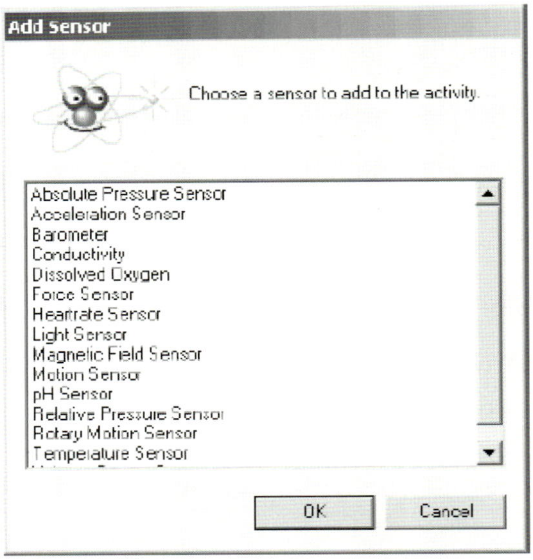

3) DataStudio 처음 시작하기 – ScienceWorkshop

바탕화면에 있는 DataStudio 아이콘을 더블 클릭하면 DataStudio 소프트웨어가 시작된다.

DataStudio가 열리면, "Welcome to DataStudio(DataStudio에 오신 것을 환영합니다)" 내비게이터화면이 다음과 같은 4가지 옵션과 함께 나타난다.

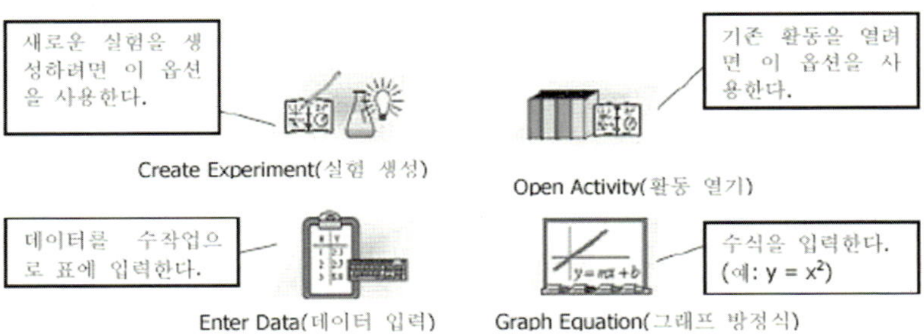

4) ScienceWorkshop 실험 구성

실험 구성(Experiment Setup) 창을 활성화하려면 Setup(구성) 버튼을 클릭한다. 이 창을 사용하면 센서를 선택하고 실험 조건을 설정할 수 있다.

소프트웨어가 인터페이스를 즉시인식하지 못하는 경우, Change(변경) 버튼을 클릭하고

"Please Choose Data Source(데이터 소스를 선택하십시오)" 창의 목록에서 인터페이스를 선택한다. 이제, Experiment Setup(실험 구성) 창에 선택한 인터페이스가 표시된다.

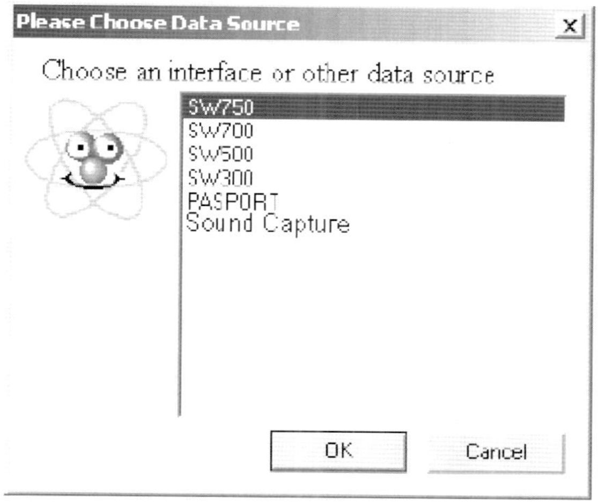

5) 센서 패널

Sensors(센서) 패널에는 가능한 모든 센서들이 표시된다. 목록을 스크롤로 이동하여 실험에 적합한 센서(들)를 검색한다. 센서를 선택하려면, Sensors(센서) 팬러에서 해당 아이콘을 더블클릭한다. 소프트웨어가 자동으로 사용 가능한 정확한 포트를 선택하게 된다.

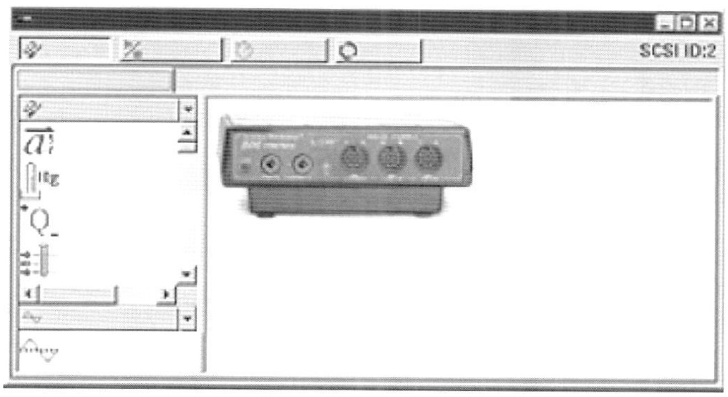

이제, 물리적인 센서를 해당 채널에 연결한다.

센서를 선택한 경우, 각각의 센서에 적합한 채널을 표시해주는 화살표와 함께 아이콘이 실험 구성 창에 나타난다. 이 창에서 센서 아이콘을 더블클릭하면 센서 등록정보 창이 열린다. 이 창에서 사용자는 측정값, 보정, 표본화 속도를 설정할 수 있다. 사용 가능한 측정값은 요약 패널에 표시된다.

3. DataStudio를 사용하여 실험 구성하기 - 모든 인터페이스

DataStudio에는 실험구성에 도움을 줄 수 있는 다양한 도구들이 포함되어 있다. Summary(요약) 패널 및 관련 기능을 사용하면 실험의 매개변수들을 추가적으로 정의하는데 도움이 된다. 사용 가능한 디스플레이들은 데이터를 시각화해주는 강력한 방법을 제공해준다. 이 섹션에서는 데이터 디스플레이를 생성하는 방법을 설명하며 각각의 디스플레이의 기능에 대해 설명한다.

1) 데이터 테이블시하기

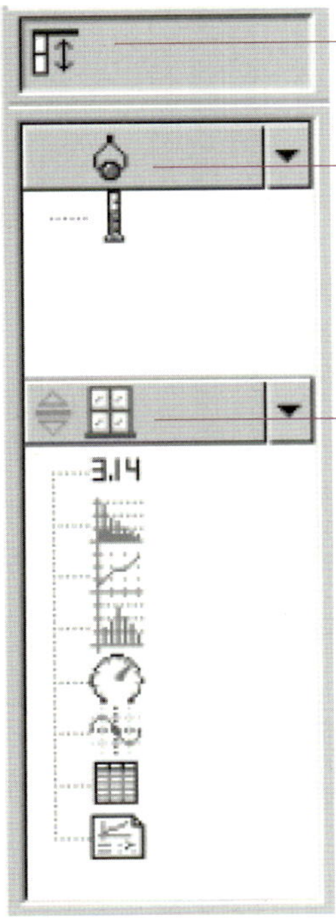

요약 패널 Summary(요약) 패널에는 디스플레이와 함께 실험에서 수집한 데이터 가운데 현재 사용 가능한 측정값이 표시된다.

데이터를 표시하려면, 센서 또는 데이터를 디스플레이와 연동시켜야 한다. 요약 패널의 하단 영역에서 요약 패널의 상단 영역에 있는 센서로 디스플레이 타입을 드래그하면 센서 또는 표적 데이터 세트에 대한 디스플레이가 생성된다.

데이터 요약 컬럼에서 실행되는 센서 또는 데이터를 열려 있는 디스플레이에 드래그하면 다수의 데이터 타입을 디스플레이에 표시할 수 있다. 일부 디스플레이는 센서 또는 실험 조건에 따라 다른 디스플레이들보다 유용할 수 있다.

2) 데이터 테이블시를 위한 디스플레이 생성하기

데이터 수집 과정 중에도 언제든지 디스플레이를 실험에 생성하거나 실험에서 제거할 수 있다.

(1) DataStudio에서 사용 가능한 디스플레이

디스플레이 타입과 각각의 디스플레이에 대한 설명은 다음과 같다:

가) 그래프 : 그래프 디스플레이는 센서의 데이터를 시간에 따라 도표로 구성한다.

하나의 데이터 타입을 다른 데이터 타입에 대해 도표로 구성하려면, (요약[Summary] 패널의) 데이터 요약에서 데이터를 그래프의 시간 축 (x-축)에 드래그한다. 새로운 데이터 타입이 시간을 대체하게 되며 XY 도표가 생성된다 (즉, Force(힘) vs. Position(위치)). 축에 있는 숫자를 클릭하여 드래그하면 그래프의 숫자범위를 직접 변경할 수 있다. 축의 선을 클릭하여 드래그하면 디스플레이 창에서 축을 이동할 수 있다.

나) 표 : 표 디스플레이는 짝지은 컬럼에 수치 좌표를 표시한다.

다) 숫자 : 숫자 디스플레이는 실험이 진행됨에 따라 데이터의 실시간 값을 보여준다.

라) 측정계 : 측정계 디스플레이는 그래프 측정계를 사용하여 데이터를 그림으로 표시한 결과를 보여준다.

마) 히스토그램 : 히스토그램 디스플레이는 카운트됨에 따라 일괄적으로 처리된데이터 포인트들을 '빈(bin)'에 표시한다. 빈의 면적은 지정된 데이터 범위의 주파수 또는 지정된 측정값을 관찰한 횟수에 비례한다.

바) FFT : FFT (Fast Fourier Transfo 고속 푸리에 변환)은 데이터의 스펙트럼 분해 결과를 표시해준다. 표본화 속도가 높을수록 데이터의 보다 정밀한 주파수 스펙트럼 해상도를 얻게 된다. 이 디스플레이는 다른 디스플레이와같이 데이터를 저장하지 않는다. 이 디스플레이는 데이터의 '시간 구획(time-slice)' 스냅샷을 보여준다.

사) 오실로스코프 : 오실로스코프 디스플레이는 시간기반의 그래프를 도식화하지만, FFT와 마찬가지로 '시간 구획' 스냅샷을 보여준다. 데이터는 저장되지않는다. 이 디스플레이는 고속 표본화 속도를 사용하는 실험에 이상적이다.

아) 워크북 : 워크북 디스플레이는 강력한 자급식 저작 환경이다. 유도 교사안내 탐구수업(guided scientific inquiry)을 생성하거나 실험실 필기 도구로서 이 기능을 사용한다. 워크북에는 DataStudio 디스플레이, 그림, 텍스트가 포함될 수 있다.

3) 실험 옵션 설정하기

(1) 옵션

표본화 옵션을 설정하려면 Options(옵션) 버튼을 사용한다. Experiment Setup(실험 구성) 창에서 Options(옵션) 단추를 클릭하면 Sampling Options(표본화 옵션)이 열린다.

(2) 수동 표본화 탭

이 옵션은 (연속 데이터를 수집하는 대신) 특수한 데이터 포인트들을 선택해야 하는 실험에 사용된다. 이러한 데이터 포인트들은 센서에 의해 측정되지 않은 매개변수들과 연동시킬 수 있다. 연동시킨 매개변수는 수동으로 입력이 가능하다.

"Keep data values only when commanded(명령이 입력된 경우에만 데이터 값을 유지한다)" 확인란을 클릭하면 수동 표본화 모드가 활성화된다. 유지되는 데이터를 수작업으로 입력

데이터에 연동시킨 경우, "Enter a keyboard value when data is kept(데이터가 유지되면키보드 값을 입력한다)" 확인란을 클릭한다."Prompt for a value(값을 입력하라는 메시지를 화면에 표시한다)" 확인란을 체크표시하면, 데이터가 '유지' 된 상태에서 DataStudio는 수작업으로 연동 데이터를 입력하도록 사용자에게 메시지를 표시하게 된다. 나머지 옵션들은 수작업으로 데이터를 입력하는 방법을 설명한다. 사용자는 데이터를 설명하고 이름을 부여하며, 수치의 정확성과 단위를 지정할 수 있다.

(3) 지연된 시작 탭

지연된 시작 조건을 사용하면 지정된 조건이 충족될 때까지 DataStudio는 실험 데이터를 모니터링하되 실험 데이터를 저장하지 않는다. 그러한 조건은 시간이나 실험 조건을 기준으로 할 수 있다.

시간과 데이터 측정값을 선택하려면 Delayed Start(지연된 시작) 탭을 사용한 후, 시작 조건에 맞게 매개변수를 설정한다.

(4) 자동 정지 탭

자동 정지 조건을 사용하면 DataStudio는 지정된 조건에 충족되면 데이터 수집을 종료할 수 있다. 그러한 조건은 시간이나 실험 조건을 기준으로 할 수 있다. 시간과 데이터 측정값을 선택하려면 Automatic Stop(자동 정지) 탭을 사용한 후, 시작 조건에 맞게 매개변수를 설정한다.

(5) 변경

변경 버튼은 PASCO 인터페이스를 전환하는데 사용된다. 적절한 인터페이스를 선택하려면 이 버튼을 사용한다.

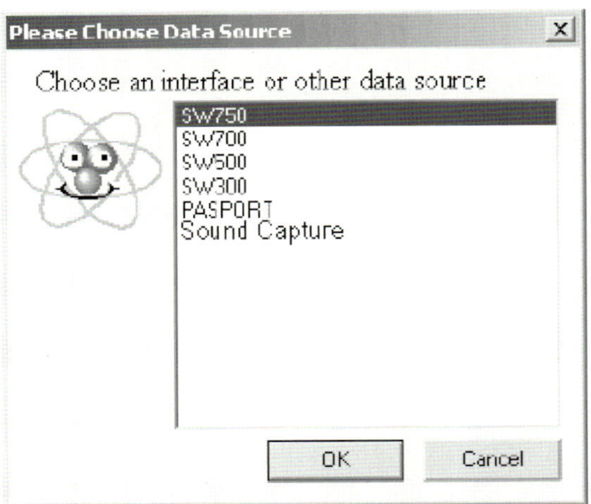

4. 측정하기

1) 데이터 수집

실험을 구성하였으면, Start(시작) 버튼을 클릭하여 데이터 수집을 시작한다.

(1)  Start(시작) 버튼과 타이머

Start(시작) 버튼을 클릭하면, Stop(정지) 버튼으로 변경된다. Stop(정지) 버튼을 클릭하면 데이터 수집이 정지된다. 실험 타이머는 현재의 타이밍 조건을 표시하며, 얼마나 오랫동안 데이터를 수집하였는지 또는 최초 타이밍 조건에 의해 설정된 카운트다운으로 표시된다.

(2)  Keep/Stop(계속/정지) 버튼

실험을 Manual Sampling(수동 표본화)를 위해 구성하였으면 (실험 옵션 설정을 참조하시오), 시작 버튼은 Keep/Stop(계속/정지) 버튼으로 변경된다. 데이터 수집 과정 중에 Keep(계속) 버튼을 누르면 데이터 포인트가 저장된다. Keep(계속) 버튼의 오른쪽에 있는 빨간색 사각형을 클릭하면 데이터 수집이 중지된다.

2) 디스플레이 및 분석 도구

DataStudio는 데이터 디스플레이 및 분석을 지원할 수 있도록 설계된 보충 기능을 제공한다. 디스플레이는 데이터를 수집하기전에, 수집하는 동안 또는 수집한 후 언제든지 생성하거나닫을 수 있다.

(1)  용지에 맞춤

그래프, FFT, 히스토그램, 측정기 디스플레이는scale to fit(용지에 맞춤) 도구를 사용하여 자동으로 크기를 조정할 수 있다. 전체 디스플레이는 데이터가 디스플레이 창을 채울 수 있도록 그 범위를 자동으로 조정한다.

(2)  확대, 축소, 확대/축소 선택

그래프와 히스토그램 확대/축소 도구는 데이터 선택 부분을 축소, 확대 또는 초점을 맞추기 위해 디스플레이 창의 뷰를 변경한다. zoom select(확대/축소 선택) 도구를 사용하려면, 도구를 클릭한 후 해당 데이터 부분 주변을 클릭하고 드래그하여 박스를 그린다. 사용자가 선택한 부분에 그래프가 확대된다. Scale to Fit(용지에 맞춤) 버튼은 모든 데이터 포인트에 대한 최적의 뷰로 데이터를 변경한다.

(3) 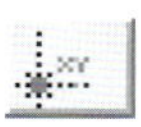 스마트 도구

Smart Tool(스마트 도구)는 특수한 데이터 포인트의 좌표 데이터 쌍을 표시해주는 십자선을

활성화시킨다. 데이터 포인트에 보다 근접하게 되면, Smart Tool(스마트 도구)는 데이터 포인트 방향으로 "쏠리게" 된다. 표시된 좌표는 십자선 주변의 작은 상자의 우측 상단 가장자리에 괄호 안에 표시된다. 또한, 스마트 도구는 2개의 데이터 포인트 간의 차이를 표시하는 경우에도 사용이 가능하다.

(4) 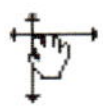 스마트 도구 이동

Smart Tool(스마트 도구)의 십자선의 위치를 변경하려면, 포인터가 2개의 화살표가 십자로 교차되어 있고 손 모양이 표시된 형태로 변할 때까지 스마트 도구의 중심 위에서 마우스 커서를 좌우로 왔다 갔다 한다. 스마트 도구의 십자선을 원하는 위치로 드래그한다. 십자선의 이동을 1개의 축으로 제한하려면, 포인터가 손 모양이 될 때까지 이동시키고자 하는 축과 수직을 이루는 파선 위에서 마우스 포인터를 좌우로 왔다 갔다 한다. 십자선을 새로운 위치로 드래그한다.

(5)  측정 변경 – 델타 도구

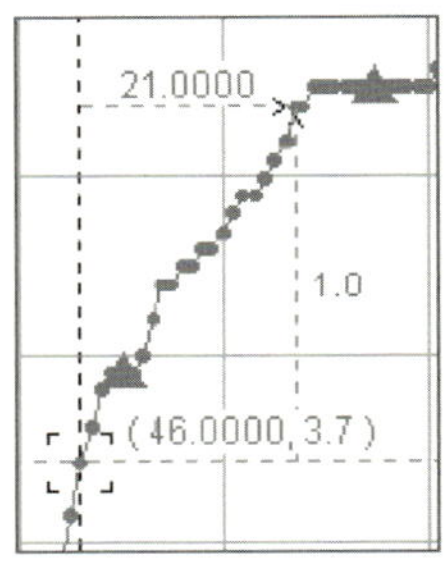

Delta Tool(델타 도구)는 그래프 디스플레이에 있는 2개의 데이터 포인터 간의 X와 Y 좌표의 변화를 측정하기 위한 Smart Tool(스마트 도구)의 기능이다.

Delta Tool(델타 도구)를 사용하려면

Smart Tool(스마트 도구)의 십자선을 데이터 포인터로 드래그한다.

포인터가 삼각형과 손으로 변할 때까지 십자선 주변의 작은 상자의 가장자리 중 하나 위에서 마우스 포인터를 좌우로 왔다 갔다 한다.

삼각형을 클릭하고 두번째 데이터 포인트로 드래그한다. 파선으로 구성된 상자가 4개의 코너 중 2개에서 데이터 포인트가 선택된 상태로 나타난다. 파선으로 구성된 상자의 면을 따라, 2개의 포인트들에 대한 좌표 값의 차이에 해당되는 숫자를볼 수 있다.

이 상자의 크기를 조정하려면, 화살머리가 포함된 상자의 코너를 클릭하고 새로운 데이터 포인트로 드래그한다. 파선을 클릭하고드래그하면 상자의 크기가 조정된다 (이동이 단 1개의 크기로만 제한됨).

(6) A Note Tool(노트 도구)

노트 도구를 사용하면 그래프나 히스토그램에 주석을 덧붙일 수 있다. 또한, 개별 데이터 포인트에도 표시가 가능하다.

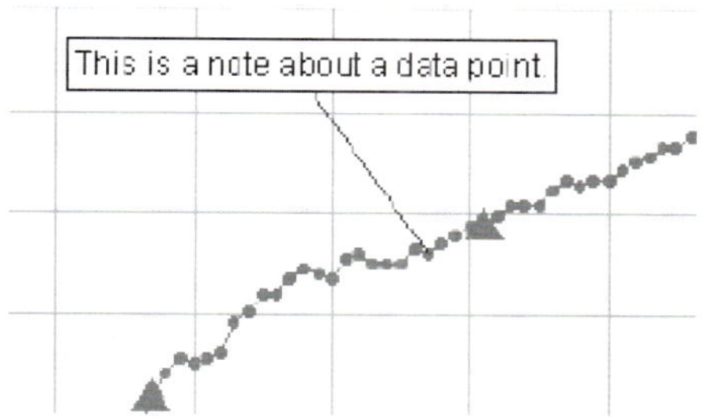

(7) Σ ▾ Statistics Tool(통계 도구)

Statistics(통계) 도구는 이 버튼을 사용하여 선택과 해제가 가능하다. 시그마 기호 옆의 드롭다운 화살표를 누르면 사용 가능한 통계 목록이 표시된다.

(8) 시간 표시 도구

숫자, 측정장치, 표 디스플레이의 데이터 쌍의 시간 구성요소를 선택하고 해제한다.

(9) 데이터 편집 도구

표에서 데이터를 편집하려면 Edit Data(데이터 편집) 도구를 클릭한다. 도구가 활성화되면, 데이터 사본이 데이터 요약 컬럼에 나타난다. 최초의 데이터 세트는 DataStudio에서 변경이 불가능하다. 이 도구를 사용하면 행 삽입 및 삭제 버튼을 활성화시킬 수 있다. 이러한 도구는 데이터 테이블에서 강조표시된 행을 삭제하거나 블랭크 행을 삭제하는데사용된다.

일부 실험은 수동 데이터 수집을 수행해야 한다. 이러한 데이터는 분석을 위해 DataStudio에 입력이 가능하다. 데이터를 입력하는 가장 손쉬운 방법은 빈 데이터 테이블을 생성하는 것이다.

Experiment(실험) 메뉴에서 "New Empty Data Table(새로운 빈 데이터 테이블)"를 선택한다.

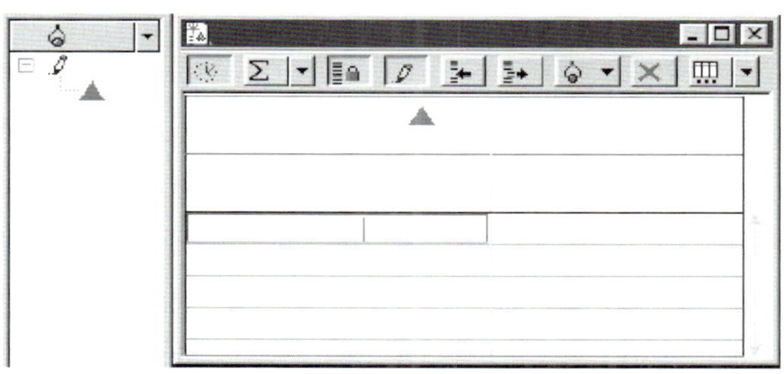

이 옵션을 선택하면, 소프트웨어는 새로운 데이터를 사용하여 편집할 준비가 완료된 표 디스플레이를 생성한다. 표시등이 요약 패널에도 나타난다. 요약 컬럼의 측정값을 더블 클릭하면 데이터 속성을 변경할 수 있다. 여기에서, 사용자는 데이터 이름, 단위 그리고 정확성과 같은 기타 속성을 설정할 수 있다.

(10) 데이터 선택 / 데이터 삭제

Data(데이터) 버튼을 사용하면 데이터를 선택적으로 볼 수 있다. Data(데이터) 버튼을 클릭하면 데이터 세트를 표시할 것인지 또는 숨길 것인지를 상호 선택할 수 있다. 데이터는 Remove(삭제) 버튼을 사용하여 디스플레이에서 삭제가 가능하다. Remove(삭제) 버튼을 클릭하면 디스플레이에서 강조표시된 데이터 세트가 삭제된다.

(11) 디스플레이 설정

디스플레이 설정 버튼을 클릭하면 디스플레이 옵션을 변경할 수 있는 메뉴가 열린다. 아이콘 옆의 아래로 화살표를 클릭하면 일반적인 디스플레이 옵션의 메뉴가 열린다. 또한, 디스플레이 창의중간을 더블클릭하여도 디스플레이 옵션 메뉴가 열린다.

(12) 계산기

DataStudio에는 수학식을 계산하거나 센서에서 얻은 데이터 측정값을 조작할 수 있는 계산기 기능이 통합되어 있다. 디스플레이와 유사하게, 계산 결과는 언제든지 생성 또는 삭제가 가능하다.

계산기는 데이터 세트에 대한 계산을 수행하고 식을 그래프로 구성하는데 사용이 가능하다. 계산기 창을 활성화하려면 Calculate(계산) 버튼을 클릭한다. $y=f(x)$ 형태로 함수를 입력한다. 여기에서, y는 함수의 이름이고 x는 변수이다. "Accept(수락)" 버튼을 클릭하여 표현식을 평가하려면 DataStudio 입력화면을 표시한다. 소프트웨어는 정의되지 않은 조건을 강조표시하며, 계산을 진행하기 전에 정의해야 할 필요가 있음을 나타낸다. 변수는 다음과 같이 정의가 가능하다.

상수 : 변수를 수치값으로 설정한다. 이는 지역 변수로 이 식에서만 사용된다.

실험 상수 : 변수를 실험에서 모든 식에 의해 인식되는 수치값으로 설정한다 (예 : 카트의 질량 =500 g)

데이터 측정값 : 데이터 측정값을 변수와 관련시킨다. 이 경우, 다른 원하는 양으로 데이터를 변환하기 위해 (예 : 속도 데이터를 사용하여 운동량을 계산하기 위해) 전체 데이터 세트에 대해 계산이 수행된다. 측정값을 간단히 클릭한 상태에서 계산기 창으로 드래그하고 정의할 변수에서 마우스 버튼을 놓는다.

모델 범위 : 식에 대한 영역과 범위 간의 좌표 포인트 수를 정의한다.

정의 영역 아래의 버튼을 클릭하면 조건을 선택하여 정확한 형식으로 자동으로 입력할 수 있

다. 조건들은 다음과 같이 그룹화된다:

Scientific (sin (x), cos (x), exp (x), etc.),

Statistical (min (x), avg (x), etc.)

Special (integral (x), derivative (x), etc.)

(13) 맞춤 도구

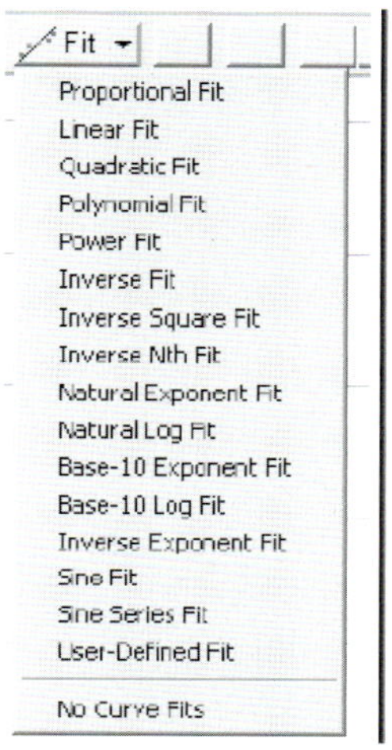

데이터 타입의 관계에 따라 그래프에 표시된 데이터를 부드럽게 다듬으려면 맞춤 도구를 사용한다.

5. 워크북 사용하기

Workbook(워크북)은 실험실 결과 기록에 사용하거나 실험실 활동을 생성하기 위해 사용할 수 있는 특수한 도구이다. 워크북에는 텍스트, 그래픽, 데이터 디스플레이가 포함될 수 있다. DataStudio의 Workbook(워크북)을 사용하면 활동 중에 학생에게 지침을 제공할 수 있으므로, 학생은 활동의 각 단계를 수행하고 관찰 결과를 기록할 수 있다.

워크북 생성을 시작하려면 Displays List of the Summary(요약 목록 표시)에서 워크북(Workbook) 아이콘을 더블 클릭한다. 빈 워크북 페이지가 열린다.

워크북 도구를 끄려면 〈Ctrl〉 + T 키를 누른다.

워크북 도구

워크북에 디스플레이 추가

디스플레이 요약에서, 디스플레이를 클릭하여 워크북에 드래그한다. 디스플레이가 창에 표시된다.

텍스트 블록 추가

이 도구를 사용하면 텍스트 블록을 생성하고 텍스트를 워크북에 직접 추가할 수 있다. 텍스트 블록에서 마우스 오른쪽 버튼을 클릭하면텍스트 형식을 지정할 수 있는 옵션 리스트로 이동된다. Always Editable(항상 편집 가능)을 선택하면 학생들은 박스에 직접 입력할 수 있다.

텍스트 파일 추가

이 도구를 사용하면 텍스트 파일을 워크북에 직접 가져오기 할 수 있다.

그림 추가

이 도구를 사용하면 .bmp 또는 .pic의 그림 파일을 워크북으로 가져오기 할 수 있다.

선택한 항목 삭제

워크북에서 선택한 항목을 완전히 삭제한다.

페이지 추가 / 페이지 삭제

이 도구를 사용하면 워크북에 새로운 빈 페이지를 추가하거나 현재의 페이지가 삭제된다.

부록 2-2

센서 설명서

1. Science Workshop 750 Interface(USB)

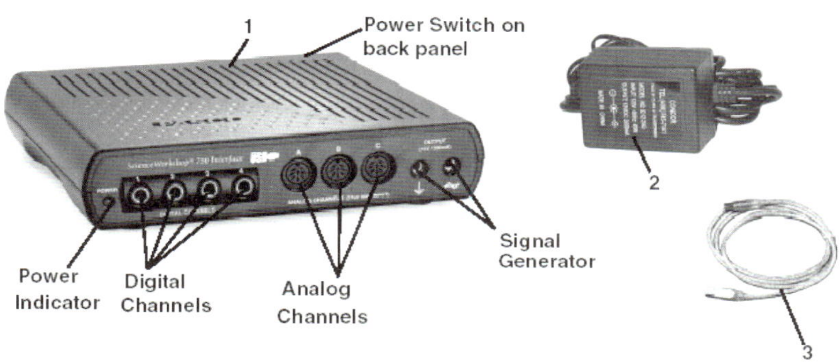

1) 소개

Science Workshop 750 인터페이스 장치는 컴퓨터로 데이터를 얻어내는 장치이다. 간단히 말하면 750 인터페이스 장치는 컴퓨터가 디지털 전압계 또는 디지털 오실로스코프의 역할을 할 수 있다.

750 인터페이스는 파워앰프(전력증폭기)와 같이 사용하면 DC 전원장치 또는 신호발생기로서 사용가능하다. 인터페이스 장치는 3개의 아나로그 센서와 4개의 디지털 센서로부터 정보(외부의 물리량에 대한; 거리, 전압, 자기장, 힘 등)를 받아들일 수 있다.

2) 기능

① Data Sampling : 아날로그와 디지털 동시에 레코더 가능

② Analog Rates : 250,000 Samples/sec (20 KHz Oscilloscope)

③ Digital Rates : 0.1 msec digital timing accuracy (1mm resolution for Motion Sensor)

④ 함수발생기 (Function Generator) : 0-50 KHz, 1.5 W (300 mA)output

⑤ 전원증폭기 (Power Amplifier) 호환

⑥ 20 KHz 의 실시간 오실로스코프 : 40 frames/sec

3) 사양

① 전원 : 12 VDC to 20 VDC at 2 A, 2.1mm 잭 (AC Adapter 포함)

② 디지털 채널

- 4개의 동일한 디지털 입력 채널
- TTL 호환가능 (8 mA drive current)
- Edge Sensitive-Sampled at 10 KHz

③ 아날로그 입력채널

- 3개의 동일한 채널
- 최대 입력전압 범위 : ±10 V (절대 입력전압 범위 : ±12 V)
- 각각의 아날로그 채널에 3개의 전압설정 : 1, 10, 100
- 입력 증폭기 Slew rate : 1.2 V/μs

④ 정전기 보호기능

⑤ 12-bit Analog to Digital Converstion

- 5개의 입력소스 : 채널 A-C, 아날로그 출력전압과 전류
- ADC 입력에서 전압 해상도 : 4.88 mV
- 전류 측정 해상도 : 224 μA, 각 전압은 50 mA로 표시되어 측정됨
- 전압 측정 정밀도 : < ±3 mA
- 샘플 Rate 범위 : 매 3600초 (250 kHz)
- 8배속 oversampling 으로 샘플범위를 ≤100 Hz로 정확도를 향상시킴

⑥ 아날로그 출력

- DC 범위 : −4.9976 V to +5.0000 V in steps of 2.44 mV
- 연결단자 정밀도 : (±3.6 mV±0.1% full scale)
- AC 파형에 대한 최대 진폭 조절범위 : 0 V to ±5 V in steps of 2.44 mV
- AC 파형 빈도수 범위 : 1 mHz(0.001 Hz) to 50 kHz, 0.01%
- 바나나 잭 최대 확장 출력 : 약 300 mA at ±5 V, 전류 한계 : 300 mA±12 mA

2. Smart Timer(ME-8930)

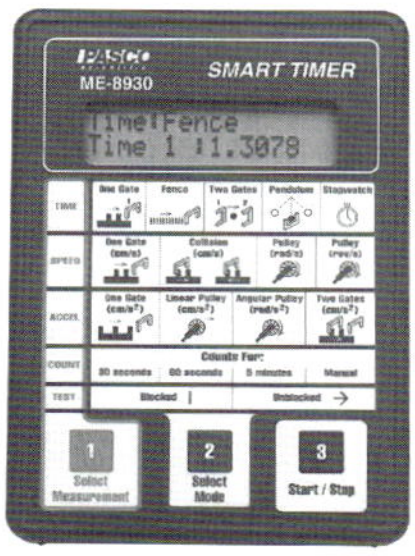

microprocessor에 기반을 둔 Smart Timer는 시간, 속도, 가속도와 계수 측정을 위한 가장 유용한 방법을 제공한다.

3. Photogate Head(ME-9498A)

포토게이트 head는 gate를 통해 지나는 물체의 운동을 모니터하고, 물체가 적외선 빛을 차단하는 것을 카운트한다.

4. Motion Sensor(CI-6742A)

모션센서는 초음파 펄스(ultrasonic pulse)를 이용하여 물체의 위치(거리)를 측정하는데 사용된다.

5. Force Sensor(CI-6746)

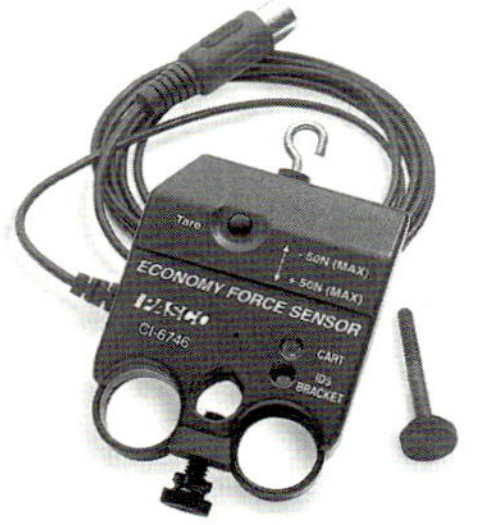

힘의 연구는 많은 과학 탐구에서 중요하다. 정밀하고 단단한 센서는 가장 훌륭한 힘 실험이 되도록 보장할 것이다. 50 N 이상의 과부하에 대하여 역학적으로 정지한다.

0점 조절이 쉬우며, zero 조절이 디지털로 저장된다.

6. 회전 운동 센서(CI-6538)

회전센서는 일정한 검은띠 무늬를 투명한 원판에 그려넣고 포토게이트와 같은 게이트 사이에 놓아 회전시킬때 메모리 및 게이트 모드로 카운트시킴으로써 회전운동 뿐만 아니라 직선운동을 측정할수 있도록 고안한 장치이다.

측정가능한 최소각은 0.25°이고 최소 직선거리는 0.055 mm이다.

일단 각 위치나 직선위치가 측정되면 나머지 물리량들 (각속도, 각가속도 또는 직선속도, 가속도등)은 이를 미분함으로써 측정될 수 있다.

7. Bicycle Wheel Gyroscope(ME-6833)

각운동량보존을 보여주기 위한 장치이며, 초당 5회 회전하여 회전력이 우수하며 의자도 저 마찰력으로 우수하여 회전에 의한 움직임이 매우 뛰어난 장치이다.

1) 사양

- 휠의 직경 : 60 cm
- 중량 : 31.7 N (질량=3.1 kg) 혹은 7 파운드
- 질량의 위치 : 대부분 타이어에 위치
- 수동(hand driven) : RPM 5 rev/sec.

2) 기능

1. 클러치장치를 이용한 자이로 스핀업(spinning up)

클러치를 이용한 자이로 스핀업

2. 도르래를 이용한 자이로 스핀업
3. 로프로 휠 매달기

로프로 휠 매달기

4. 휠의 회전관성 측정

5. 각운동량보존의 (conservation of angular momentum) 증명

6. 자이로를 팽이로 사용하기

[안전 주의사항]

1. 머리카락, 손가락, 의복 등과 같이 묶여있지 않은 물체는 회전하는 바퀴살과 차축에서 멀리하여야 한다.

2. 어떤 높이에서든 바이시클 휠 자이로를 떨어뜨리거나 휠이 고속으로 굴러가게 해서는 안 된다.

3) Disover rotaional Platfo(ME-6834)

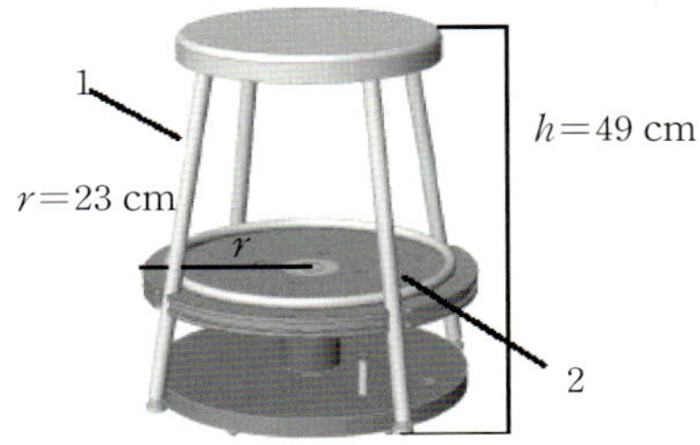

1. 스툴　　2. 회전 플랫폼

PASCO의 디스커버 회전 플랫폼은 학생들이 운동을 직접 체험함으로써 회전운동의 기본원리와 관성을 학습하는데 유익하도록 설계되었다. 플랫폼의 특징은 학생이 앉아서 회전에 관한 연구를 할 수 있는 스툴을 올려놓을 수 있다는 것이다. 또한, 스툴은 탈착이 가능하기 때문에 학생들은 플랫폼에 직접 앉거나 누울 수가 있다.

위치, 속도 및 가속도를 측정하기 위해 디스커버 회전 플랫폼을 설치하고자 할 때에는 보조 포토게이트나 포토게이트 헤드를 이용하면 된다. 위치, 속도 및 가속도는 직선단위와 회전단위로 모두 측정할 수있다. 위의 운동학의 측정값을 구하려면 스마트 타이머, Science Workshop 500/750 인터페이스 혹은 PASPORT 포토게이트 포트에 포토게이트를 연결하여야 한다.

부록 3

1. 물리상수

명　　칭	기호	계산에 사용하는 값	최적실험치
진공 중의 광속	c	3.00×10^{8} m/s	$(2.99792458)\times10^{8}$
만유인력 상수	G	6.67×10^{-11} N • m²/kg² 6.67 ×	10^{-11} N·m²/kg²
$(6.67259)\times10^{-11}$			
Avogadro의 수	N_0	6.02×10^{23}/mole	$(6.02214)\times10^{23}$
Faraday의 상수	F	96485 C/mole	96485.309 C/mole
기체 상수	R	8.32 J/mole·K	8.31451
		0.0821 liter-atm/mole·K	
이상기체의 표준 체적	—	2.24×10^{-2}m³	$(2.24141)\times10^{-2}$
		22.4 liter	
Planck의 상수	h	6.63×10^{-34} J·s	$(6.62608)\times10^{-34}$
Boltzmann의 상수	k	1.38×10^{-23} J/K	$(1.38066)\times10^{-23}$
Stefan-Boltzmann의 상수	$\delta\delta$	5.67×10^{-8} J/K⁴·m²·s	$(5.67051)\times10^{-8}$
열의 일당량	J	4.19 J/cal	4.1855 ± 0.0004
물의 삼중점	—	273.16 K	273.16 K exactly
물의 얼음점	—	273.15 K	273.1500 ± 0.0002
물의 최대밀도(3.98℃, 1기압)	—	1 g/cm³	0.999973 g/cm³
			1.000000 g/ml
수은의 표준밀도(0℃, 1기압)	$\rho_0\rho_0$	13.59 g/m³	13.59510 g/cm³
진공의 투자률	$\mu_0\rho_0\mu_0$	1.26×10^{-6} H/m	$4\pi\times10^{-7}$ exactly
진공의 유전률	$\varepsilon_0\varepsilon_0$	8.58×10^{-12} F/m	$(8.85418781762)\times10^{-12}$
기본 전하	ee	1.60×10^{-19} C	$(1.60218)\times10^{-19}$
전자의 정지 질량	$m_e m_e$	9.11×10^{-31} kg	$(9.10939)\times10^{-31}$
			$(5.48578)\times10^{-4}$ amu
양성자의 정지 질량	$m_p m_p$	1.67×10^{-27} kg	$(1.67262)\times10^{-277}$
			1.00728 amu
중성자의 정지 질량	$m_n m_n$	1.67×10^{-27} kg	1.67493
			1.0086 amu
질량-에너지 관계식	$c^2=E/mc^2=E/m$		8.99×10^{16} m/s²
$(8.98755)\times10^{16}$			
		931 Mev/amu	931.494
Bohr magneton	$\mu_B\mu_B$	9.27×10^{-24} J/T	$(9.27402)\times10^{-24}$
전자의 Compton 파장	$\lambda\lambda_c$	$\lambda_c=\dfrac{h}{m_e c}=2.43\times10^{-12}$ m	$(2.42631)\times10^{-12}$

2. 수은기압계의 온도 보정표

21℃일 때 기압계의 읽음이 75.35 cm이면 아래 표의 온도 21 ℃, 기압계의 읽음 75 cm 줄에서 보정치 0.25를 찾는다, 따라서 0℃ 때의 기압으로 환산한 값은 75.35−0.25=75.10 cm이다.

온도 (℃)	기압계의 읽음 70cm	71cm	72cm	73cm	74cm	75cm	76cm	77cm	78cm
0	0.00	0.00	0.00	0.00	0.00	0.00	0.00	0.00	0.00
1	0.01	0.01	0.01	0.01	0.01	0.01	0.01	0.01	0.01
2	.02	.02	.02	.02	.02	.02	.02	.03	.03
3	.03	.03	.04	.04	.04	.04	.04	.04	.04
4	.05	.05	.05	.05	.05	.05	.05	.05	.05
5	.06	.06	.06	.06	.06	.06	.06	.06	.06
6	0.07	0.07	0.07	0.07	0.07	0.07	0.07	0.07	0.08
7	.08	.08	.08	.08	.08	.09	.09	.09	.09
8	.09	.09	.09	.09	.10	.10	.10	.10	.10
9	.10	.10	.10	.11	.11	.11	.11	.11	.11
10	.11	.11	.12	.12	.12	.12	.12	.12	.13
11	0.12	0.13	0.13	0.13	0.13	0.13	0.14	0.14	0.14
12	.14	.14	.14	.14	.14	.15	.15	.15	.15
13	.15	.15	.15	.15	.16	.16	.16	.16	.16
14	.16	.16	.16	.17	.17	.17	.17	.17	.18
15	.17	.17	.17	.18	.18	.18	.18	.19	.19
16	0.18	0.18	0.19	0.19	0.19	0.19	0.20	0.20	0.20
17	.19	.20	.20	.20	.20	.21	.21	.21	.21
18	.20	.21	.21	.21	.22	.22	.22	.22	.23
19	.22	.22	.22	.22	.23	.23	.23	.24	.24
20	.23	.23	.23	.24	.24	.24	.25	.25	.25
21	0.24	0.24	0.24	0.25	0.25	0.25	0.26	0.26	0.26
22	.25	.25	.26	.26	.26	.27	.27	.27	.28
23	.26	.26	.27	.27	.28	.28	.28	.29	.29
24	.27	.28	.28	.28	.29	.29	.29	.30	.30
25	.28	.29	.29	.30	.30	.30	.31	.31	.32
26	0.29	0.30	0.30	0.31	0.31	0.32	0.32	0.32	0.33
27	.31	.31	.31	.32	.32	.33	.33	.34	.34
28	.32	.32	.33	.33	.34	.34	.34	.35	.35
29	.33	.33	.34	.34	.35	.35	.36	.36	.37
30	.34	.34	.35	.35	.36	.36	.37	.37	.38

3. 수은기압계의 모세관 보정표(mmHg)

모세관직경 (mm)	수은면의 돌출부 높이(mm)							
	0.4	0.6	0.8	1.0	1.2	1.4	1.6	1.8
8		0.20	0.29	0.38	0.46	0.56	0.65	0.77
9		0.15	0.21	0.28	0.33	0.40	0.46	0.52
10			0.15	0.20	0.25	0.29	0.33	0.37
11			0.10	0.14	0.18	0.21	0.24	0.27
12			0.07	0.10	0.13	0.15	0.18	0.19

4. 밀도(고체 및 액체, g/cm³)와 비열(cal/g · ℃)

물 질	밀 도	물 질	밀 도
알콜	0.789	주철	7.20
알루미늄	2.70	단철	7.80
향수	0.16	석유	0.82
벤젠	0.89	납	11.34
청동	8.60	수은	14.26
구리	8.93	니켈	8.90
코르크	0.24	참나무	0.80
다이아몬드	3.516	소나무	0.50
에테르	0.735	백금	21.47
유리(크라운)	2.50	은	10.50
유리(플린트)	3.70	강철	7.85
가솔린	0.79	주석	7.29
금	19.32	증류수	1.00
글리세린	1.26	해수	1.03
얼음	0.917	아연	7.13

물 질	비 열	온도구간(℃)	물 질	비 열	온도구간(℃)
알루미늄	0.217	17～100	철	0.113	18～10
놋쇠	0.094	15～100	납	0.031	20～100
구리	0.093	15～100	수은	0.033	0～100
유리	0.199	20～100	은	0.056	15～100
얼음	0.55	−10～0	아연	0.093	20～100

5. 물의 포화증기압력(mmHg)

온도(℃)	.0	.2	.4	.6	.8
0°	4.579	4.664	4.713	4.782	4.851
1°	4.921	4.992	5.061	5.137	5.211
2°	5.286	5.368	5.438	5.516	5.595
3°	5.675	5.755	5.837	5.920	6.003
4°	6.088	6.174	6.261	6.349	6.438
5°	6.528	6.620	6.712	6.806	6.901
6°	6.997	7.094	7.192	7.292	7.392
7°	7.494	7.593	7.702	7.803	7.914
8°	8.023	8.132	8.243	8.355	8.469
9°	8.584	8.700	8.813	8.897	9.057
10°	9.173	9.302	9.427	9.553	9.680
11°	9.810	9.940	10.072	10.206	10.342
12°	10.479	10.617	10.757	10.839	11.042
13°	11.187	11.333	11.481	11.631	11.782
14°	11.936	12.091	12.247	12.406	12.566
15°	12.728	12.832	13.057	13.225	13.394
16°	13.565	13.739	13.913	14.090	14.269
17°	14.450	14.632	14.817	15.003	15.192
18°	15.383	15.575	15.770	15.967	16.166
19°	16.367	16.571	16.776	16.984	17.193
20°	17.406	17.620	17.837	18.057	18.278
21°	18.503	18.729	18.959	19.190	19.424
22°	19.661	19.900	20.142	20.386	20.634
23°	20.883	21.137	21.383	21.652	21.913
24°	22.178	22.446	22.716	22.990	23.266
25°	23.516	23.828	24.113	24.401	24.693
26°	24.987	25.244	25.584	25.888	26.195
27°	26.505	26.818	27.134	27.454	27.777
28°	28.103	28.432	28.776	29.101	29.442
29°	29.785	30.132	30.482	30.839	31.194

6. 상대습도(%)

건구온도계의 눈금 t_d와 습구온도계의 눈금 t_w와의 온도차를 알면 직접 아래 표에서 습도(%)를 구할 수 있다.

온도	건습구 두 온도계의 눈금차 (t_d-t_w) (℃)										
t_d (℃)	0	1	2	3	4	5	6	7	8	9	10
−10	100	67									
−9	100	69									
−8	100	71	42								
−7	100	73	46								
−6	100	74	49								
−5	100	76	52								
−4	100	77	55								
−3	100	78	57	36							
−2	100	80	60	40							
−1	100	80	61	43							
0	100	81	63	45	28						
1	100	82	65	48	32						
2	100	82	66	51	35	19					
3	100	83	66	51	37	23					
4	100	84	67	52	39	26					
5	100	84	69	54	39	28					
6	100	85	70	56	42	28					
7	100	85	71	57	44	31	18				
8	100	86	72	59	46	34	21				
9	100	87	73	61	48	36	25				
10	100	87	74	62	50	39	28	16			
11	100	87	75	63	52	41	30	19			
12	100	88	76	65	54	43	33	22	13		
13	100	88	77	66	55	45	35	25	16		
14	100	88	78	67	57	47	37	28	18	10	
15	100	89	78	68	58	49	39	30	21	13	
16	100	89	79	69	59	50	41	32	24	15	
17	100	90	80	70	61	52	43	34	26	18	10
18	100	90	80	71	62	53	44	36	28	20	13
19	100	90	81	72	63	54	46	38	30	23	16
20	100	91	82	72	64	55	47	40	32	25	18
21	100	91	82	73	65	57	49	41	34	27	20
22	100		82	74	66	58	50	43	36	29	22
23	100		83	74	66	59	52	44	38	31	25
24	100		83	75	67	60	53	46	39	33	26
25	100			76	68	61	54	47	40	34	28
26	100			76	69	62	55	48	42	36	30
27	100				69	63	56	49	43	37	31
28	100				70	63	57	51	44	39	33
29	100					64	58	52	46	40	34
30	100					65	59	53	47	41	36

7. 마찰계수

미끄러지는 마찰계수		회전 마찰계수	
물 체	평균치($\mu\mu$)	물 질	평균치($\mu\mu$)
마른 나무 위의 나무	0.40	철로상의 주철 바퀴	0.004
돌 위의 나무	0.50		
마른 나무 위의 금속	0.45		
금속 위의 금속	0.17	회전피 접촉면에서의 볼베어링	0.002
금속 위의 가죽	0.56		
나무 위의 가죽	0.35	회전피 접촉면에서의 롤러베어링	0.005
돌 위의 철	0.55		

8. 물의 비중(밀도)

온도(℃)	0°	1°	2°	3°	4°	5°	6°	7°	8°	9°
−0°	0.99987	0.99993	0.99997	0.99999	1.00000	0.99999	0.99997	0.99993	0.99988	0.99981
10°	.99973	.99963	.99952	.99940	.99927	.99913	.99897	.99880	.99862	.99843
20°	.99823	.99802	.99780	.99757	.99733	.99707	.99681	.99654	.99626	.99597
30°	.99568	.99537	.99505	.99473	.99440	.99406	.99371	.99336	.99299	.99262
40°	.9922	.9919	.9915	.9911	.9907	.9902	.9898	.9894	.9890	.9885
50°	.9881	.9876	.9872	.9867	.9862	.9857	.9853	.9848	.9843	.9838
60°	.9832	.9827	.9822	.9817	.9811	.9806	.9801	.9795	.9789	.9784
70°	.9778	.9772	.9767	.9761	.9755	.9749	.9743	.9737	.9731	.9725
80°	.9718	.9712	.9706	.9699	.9693	.9687	.9680	.9673	.9667	.9660
90°	.9653	.9647	.9640	.9633	.9626	.9619	.9612	.9605	.9598	.9591
100°	.9584	.9577	.9569							

9. 표면장력(dyne/cm)

물	온도(℃)	0	5	10	15	20	25	30	40	60	80	100
	표면장력	75.64	74.92	74.22	73.49	72.75	71.97	71.18	69.56	66.18	62.61.	53.85

액 체	피접촉 기 체	온도 (℃)	표면 장력	액 체	피접촉 기 체	온도 (℃)	표면 장력
알콜(에틸)	공 기	20	22.3	글 리 세 린	공 기	20	63.4
알콜(메틸)	공 기	20	22.6	수 은	공 기	15	487
에 테 르	공 기	20	16.5	석 유	공 기	18	26
올리브 기름	공 기	20	32	2 유화탄소	공 기	20	32.3

10. 액체의 점성계수(dyne/cm · s)

액 체	온도(℃)	점성계수	액 체	온도(℃)	점성계수
		$\times 10^{-3}$			$\times 10^{-3}$
물	20	10.09	아 닐 린	20	44.2
수 은	20	15.54	벤 젠	20	6.25
알 콜(에틸)	20	12.0	글 리 세 린	20	14800
알 콜(메틸)	20	5.91	2유화탄소	20	3.67
에테르(에틸)	20	2.34	텔레빈기름	20	1.49

11. 탄성계수(N/m^2)

물 질	Young률 Y	강성률 n	적탄성률 K
	$\times 10^{10}$	$\times 10^{10}$	$\times 10^{10}$
알 루 미 늄	7.05	2.67	7.46
놋 쇠	9.7～10.2	약 3.5	10.65
주 석	5.43	2.04	5.29
청 동	8.08	3.43	9.52
주 철	10～13	3.5～5.3	9.6
단 철	19～20	7.7～8.3	14.6
강 철	19.5～20.6	7.9～8.9	18.1
구 리	12.3～12.9	3.9～4.6	14.3
납	1.62	0.562	5.00
니 켈	20.2	7.70	17.6
은	7.90	2.87	10.9
금	8.0	2.77	16.6
아 연	12.5	3.8	—
고무(탄성고무)	0.048～0.052	—	—

12. 고체, 액체 및 기체 중의 음속(m/s)

고 체			액 체			기 체		
물 질	온도(0℃)	속 도	물 질	온도(0℃)	속 도	물 질	온도(℃)	속 도
알루미늄	15～20	5080	아 세 톤	20	1190	공 기	0	331.68
납	15～20	1200	에 틸 알 콜	20	1180	공 기	5	334.70
철	15～20	5170	벤 젠	20	1330	공 기	10	337.70
금	15～20	2030	올리브기름	20	1450	공 기	15	340.67
구 리	15～20	3710	수 은	20	1450	공 기	20	343.61
놋 쇠	15～20	3490	산 소	−200	960	공 기	25	346.53
니 켈	15～20	4790	질 소	−200	898	공 기	30	349.42
백 금	15～20	2800	물	20	1480	탄산가스	18	265.8
은	15～20	2640				산 소	0	313
아 연	15～20	3810				질 소	0	336
주 석	15～20	2730				수 소	0	1300

13. 열선팽챙계수($\times 10^{-6}$/K)와 열전도도(W/cm · K)

금 속	열선팽창계수	열전도도	금 속	열선팽창계수	열전도도
알루미늄	23.0	2.37	니 켈	13	0.899
비스무스	13	0.084	백 금	9	0.73
구 리	16.7	3.98	실리콘	3	0.835
금	14.2	3.15	은	19	4.27
철	12	0.803	주 석	20	0.64
납	29	0.346	아 연	35	1.15

14. 건조한 공기의 밀도(g/cm^3)

온도 T (℃)	압 력 cmHg					
	72.0	73.0	74.0	75.0	76.0	77.0
10	0.001182	0.001198	0.001215	0.001231	0.001247	0.001264
11	178	193	210	227	243	259
12	173	190	206	222	239	255
13	169	186	202	218	234	251
14	165	181	198	214	230	246
15	0.001161	0.001177	0.001193	0.001210	0.001226	0.001242
16	157	173	189	205	221	238
17	153	169	185	201	217	233
18	149	165	181	197	213	229
19	145	161	177	193	209	225
20	0.001141	0.001157	0.001173	0.001189	0.001205	0.001221
21	137	153	169	185	201	216
22	134	149	165	181	197	212
23	130	145	161	177	193	208
24	126	142	157	173	189	204
25	0.001122	0.001138	0.001153	0.001169	0.001185	0.001200
26	118	134	149	165	181	196
27	115	130	146	161	177	192
28	111	126	142	157	173	188
29	107	123	138	153	169	184
30	0.001104	0.001119	0.001134	0.001150	0.001165	0.001180

15. 물질의 숨은 열(cal/g)

물 질	녹는점 (℃)	끓는점 (℃)	융 해 열	기 화 열
물	0.0	100	79.9	540
나 트 륨	97.5	880	27.0	978
4염 화 탄 소	−23.0	76.8	4.2	51.3
에틸렌글리콜	−13.2	198	43.5	192
벤 젠	5.5	79.6	30.4	94.8
4염 화 규 소	−70.3	57	8.1	35.9

16. 실온에서의 전기전도도($\Omega^{-1}m^{-1}$)

물 질		σ	물 질		σ
금 속	구 리	5.81×10^{7}	반도체	탄 소	2.9×10^{4}
	은	6.29×10^{7}		게르마늄	2.2×10^{-2}
	알 루 미 늄	3.55×10^{7}		규 소	1.6×10^{-5}
	철	1.00×10^{7}	절연체	유 리	$10^{-10}\sim10^{-14}$
	텅 스 텐	1.82×10^{7}		형광유리	$<10^{-13}$
합 금	망 가 닌	2.27×10^{6}		운 모	$10^{-11}\sim10^{-15}$
	콘 스 탄 탄	2.04×10^{6}		석 영	1.33×10^{-18}
	니 크 롬	1.0×10^{6}		테 플 론	$<10^{-13}$
	니켈-은(Ni 18%)	3.03×10^{6}		파 라 핀	3.37×10^{-17}

17. 실온에서의 유전상수

물 질		κ	물 질		κ
고 체	테 플 론	2.1	고 체	티탄산스트론튬	332
	폴 리 스 티 렌	2.5		유 리	8
	마 일 러	3.1		베 이 클 라 이 트	4.9
	나 일 론	3.5	액 체	기 름	1.1
	종 이	3.7		테 레 빈 기 름	1.2
	파 이 렉 스	5.6		벤 젠	1.84
	실 리 콘	12		알 콜(ethyl)	24
	게 르 마 늄	16		물	80
	네오프렌 고무	6.7			

*1기압, 20°C

18. 실온에서의 자기감수률

반자성 물질	χ	상자성 물질	χ
수소(1기압)	-2.1×10^{-9}	산소(1기압)	2.1×10^{-6}
질소(1기압)	-5.0×10^{-9}	마 그 네 슘	1.2×10^{-5}
물	-9.1×10^{-6}	알 루 미 늄	2.2×10^{-5}
구 리	-9.6×10^{-6}	텅 스 텐	6.8×10^{-5}
비 스 무 스	-1.7×10^{-4}	티 타 늄	7.1×10^{-5}
다이아몬드	-2.2×10^{-5}	백 금	3.0×10^{-4}
수 은	-3.2×10^{-5}	3염화가돌리늄($GdCl_3$)	2.8×10^{-3}

19. 빛의 굴절률

물 질	나트륨 D선 (5890 Å)	수은의 녹색선 (5461 Å)
물 (20℃)	1.3330	1.3345
유 리(crown)	1.5170	1.5191
유 리(flint)	1.6499	1.6546
알 콜(amyl)	1.41	
알 콜(ethyl)	1.361	
4염화탄소	1.461	
프라스틱 유리(lucite)	1.51	
테레빈기름	1.47	

20. 일함수(eV)

원 소	열이온	광전자	원 소	열이온	광전자
세 슘	1.81	1.91	탄 탈 륨	4.19	4.05
구 리	4.38	4.46	텅 스 텐	4.52	4.3～4.5
철	4.48	4.63	지르코늄	4.13	
니 켈	4.61		탄 소	4.34	4.82
백 금	5.32		바 륨	2.10	48～2.51

※고체의 일함수는 단결정의 경우 표면에 따라 다른 값을 가지며, 위의 값들은 다결정의 경우의 것이다.

21. 몇몇 원소의 중요 스펙트럼선(Å)

(r; 적색, o; 주황색, y; 황색, g; 녹색, b; 청색, v; 보라색)

원자번호	1. H	
(파장)	(색)	(강도)
6562.8(C)	r(H_α)	
4861.3(F)	bg(H_β)	
4340.5	b(H_γ)	
4101.7	v(H_δ)	
3970.1	v(H_ε)	

원자번호	2. He	
7065.2	r	70
6678.2	r	100
5875.6(D_3)	y	1000
5015.7	g	100
4921.9	bg	50
4713.1	b	40
4471.5	b	100
4026.2	v	70
3888.7	v	1000

원자번호	3. Li	
6707.9	r	200
6103.6	o	300
4602.0	b	300

원자번호	10. Ne	
6506.5	r	1000
6402.3	o	2000
6383.0	o	1000
6266.5	o	1000
6217.3	o	1000
6143.1	o	1000
5881.9	o	1000
5852.5	y	2000

원자번호	11. Na	
(파장)	(색)	(강도)
5895.93(D_1)	y	500
5889.97(D_2)	y	9000

원자번호	19. K		
		(arc)	(spark)
7699.0	r	5000	200
7664.9	r	9000	400
4047.2	b	400	200
4044.2	b	800	400

원자번호	20. Ca		
		(arc)	(spark)
5588.7	y	35	25
4226.7(띠)	v	500	50
3998.5(H)	v	500	500
3933.7(K)	v	600	600

원자번호	30. Zn		
		(arc)	(spark)
6362.4	o	1000	500
6102.5	o	6	(20)
6924.0	bg	15	(30)
4911.6	b	15	(25)
4810.5	b	400	300
4722.2	b	400	300
4680.1	b	300	200

원자번호	38. Sr		
		(arc)	(spark)
4607.3(띠)	b	1000	50

원자번호	48. Cd		
(파장)	(색)		(강도)
		(arc)	(spark)
6438.4696	r	2000	1000
5085.822	g	1000	500
4799.908	b	300	300

원자번호	80. Hg		
		(arc)	(spark)
6234.4	o		
5790.7	y		1000
7569.6	y	600	200
5460.7	g		2000
4916.0	bg		50
4358.3	v	3000	500
4077.8	v	150	150
4046.6	v	200	300

파장	
3×10^6–7700	적외선
7700–6470	적색
6470–5880	주황색
5880–5500	황색
5500–4920	녹색
4920–4550	청색
4550–3600	보라색
3600–600	자외선

22. 원소의 주기율표

I	II	Transition elements										III	IV	V	VI	VII	0
1 H 1.0080																	2 He 4.0026
3 Li 6.941	4 Be 9.012											5 B 10.81	6 C 12.011	7 N 14.007	8 O 15.9994	9 F 18.998	10 Ne 20.179
11 Na 22.99	12 Mg 24.31											13 Al 26.98	14 Si 28.09	15 P 30.97	16 S 32.06	17 C 35.453	18 Ar 39.948
19 K 39.102	20 Ca 40.08	21 Sc 44.96	22 Ti 47.90	23 V 50.94	24 Cr 51.996	25 Mn 54.94	26 Fe 55.85	27 Co 58.93	28 Ni 58.71	29 Cu 63.54	30 Zn 65.37	31 Ga 69.72	32 Ge 72.59	33 As 74.92	34 Se 78.96	35 Br 79.91	36 kr 83.80
37 Rb 85.47	38 Sr 87.62	39 Y 88.906	40 Zr 91.22	41 Nb 92.91	42 Mo 95.94	43 Tc (99)	44 Ru 101.07	45 Rh 102.91	46 Pd 106.42	47 Ag 107.87	48 Cd 112.40	49 In 114.82	50 Sn 118.69	51 Sb 121.75	52 Te 127.60	53 I 126.90	54 Xe 131.30
55 Cs 132.91	56 Ba 137.34	57~71La series *	72 Hf 178.49	73 Ta 180.95	74 W 183.85	75 Re 186.21	76 Os 190.2	77 Ir 192.22	78 Pt 195.09	79 Au 196.97	80 Hg 200.59	81 Tl 204.37	82 Pb 207.2	83 Bi 208.98	84 Po (210)	85 At (218)	86 Rn (222)
87 Fr (223)	88 Ra 226.03	89~103Ac series **	104 Rf (261)	105 Hf (262)	106 (263)	107 (261)											

* Lanthanum 계열	57 La 138.91	58 Ce 140.12	59 Pr 140.91	60 Nd 144.24	61 Pm (147)	62 Sm 150.36	63 Eu 151.96	64 Gd 157.25	65 Tb 158.92	66 Dy 162.50	67 Ho 164.94	68 Er 167.26	69 Tm 168.93	70 Yb 173.04	71 Lu 174.97
** Actinium 계열	89 Ac	90 Th 227.0	91 Pa 232.04	92 U 231.0	93 Np 238.03	94 Pu 237.0	95 Am (244)	96 Cm (243)	97 Bk (247)	98 Cf (247)	99 Es (251)	100 Fm (254)	101 Md (257)	102 No (258)	103 Lr (259)

※ ( )안은 가장 안전한 동위원소의 질량수이다.

Memo

Memo

Memo

일반물리학실험 [제4판]

한양대학교 물리교재위원회 편

펴낸날 2020년 2월 20일 4판 1쇄 · 2020년 9월 10일 4판 2쇄

펴낸이 김우승 · **펴낸곳** 한양대학교출판부 · **출판등록** 제4-7호(1972.2.29)

주소 서울 성동구 왕십리로 222 · **전화** 02.2220.1432-4 · **팩스** 02.2220.1435

홈페이지 press.hanyang.ac.kr · **이메일** presshy@hanyang.ac.kr

표지 안광일 · **인쇄** 네오프린텍

값 16,000원

ISBN 978.89.7218.654.0 (93420)